Sigfredo Esparza González
Concepción García Luján
Miguel Angel Téllez López

Compuestos bioactivos naturales

Sigfredo Esparza González
Concepción García Luján
Miguel Angel Téllez López

Compuestos bioactivos naturales

Metabolitos secundarios de fuentes naturales

Editorial Académica Española

Impressum / Aviso legal
Bibliografische Information der Deutschen Nationalbibliothek: Die Deutsche Nationalbibliothek verzeichnet diese Publikation in der Deutschen Nationalbibliografie; detaillierte bibliografische Daten sind im Internet über http://dnb.d-nb.de abrufbar.
Alle in diesem Buch genannten Marken und Produktnamen unterliegen warenzeichen-, marken- oder patentrechtlichem Schutz bzw. sind Warenzeichen oder eingetragene Warenzeichen der jeweiligen Inhaber. Die Wiedergabe von Marken, Produktnamen, Gebrauchsnamen, Handelsnamen, Warenbezeichnungen u.s.w. in diesem Werk berechtigt auch ohne besondere Kennzeichnung nicht zu der Annahme, dass solche Namen im Sinne der Warenzeichen- und Markenschutzgesetzgebung als frei zu betrachten wären und daher von jedermann benutzt werden dürften.

Información bibliográfica de la Deutsche Nationalbibliothek: La Deutsche Nationalbibliothek clasifica esta publicación en la Deutsche Nationalbibliografie; los datos bibliográficos detallados están disponibles en internet en http://dnb.d-nb.de.
Todos los nombres de marcas y nombres de productos mencionados en este libro están sujetos a la protección de marca comercial, marca registrada o patentes y son marcas comerciales o marcas comerciales registradas de sus respectivos propietarios. La reproducción en esta obra de nombres de marcas, nombres de productos, nombres comunes, nombres comerciales, descripciones de productos, etc., incluso sin una indicación particular, de ninguna manera debe interpretarse como que estos nombres pueden ser considerados sin limitaciones en materia de marcas y legislación de protección de marcas y, por lo tanto, ser utilizados por cualquier persona.

Coverbild / Imagen de portada: www.ingimage.com

Verlag / Editorial:
Editorial Académica Española
ist ein Imprint der / es una marca de
OmniScriptum GmbH & Co. KG
Heinrich-Böcking-Str. 6-8, 66121 Saarbrücken, Deutschland / Alemania
Email / Correo Electrónico: info@eae-publishing.com

Herstellung: siehe letzte Seite /
Publicado en: consulte la última página
ISBN: 978-3-639-73416-4

COMPUESTOS BIOACTIVOS NATURALES

COMPUESTOS BIOACTIVOS NATURALES

Redactores

Sigfredo Esparza González

Concepción Gracía Luján

Miguel Angel Tellez López

Maria Guadalupe Ernestina González Yañez

Maria del Carmen Vega Menchaca

La Química de los Productos Naturales se refiere a la investigación en metabolitos secundarios o "metabolitos especiales" de fuentes naturales de origen vegetal, animal, marino, fúngico y bacteriano.

Índice

Capitulo I

Compuestos bioactivos naturales

Sigfredo Esparza González

Sustancias bioactivas son aquellos compuestos que causan algún efecto sobre los organismos vivos, entre los cuales se incluyen sustancias con valor terapéutico como antibióticos, antitumorales, antivirales, entre otros; así mismo, incluyen sustancias citotóxicas, insecticidas, sustancias atrayentes y repelentes (De Lara 1992).

Drogas derivadas de fuentes naturales tienen una larga trayectoria registrada en la historia. Drogas innovadoras de productos naturales que están todavía en uso hoy, incluyen drogas derivadas de plantas tales como digitalina, morfina, quinina, vincristina, atropina y paclitaxel y drogas de origen microbiano tales como penicilina, amphotericina B y ciclosporina A. Tres importantes drogas contra el cáncer que han entrado al mercado en los últimos años. Taxol, Taxorete y Topotecan, son de origen botánico. Recientemente, varios anticancerígenos lideres compuestos tales como bryostatin I y dedemnin B han sido aislados de organismos marinos (Ramesh C, et al 2000).

La importancia de los productos naturales radica en la propia función biológica en la que son biosintetizados. Pueden ser útiles por sus posibilidades directas como agentes terapéuticos, pueden servir como modelos para la preparación de sustancias bioactivas, como materia prima para la síntesis de sustancias de interés farmacológico y/o interés industrial como estructuras privilegiadas usando el concepto de farmacología para aquellos productos que son capaces de interactuar con diversas proteínas y realizar acciones útiles para la salud en procesos patológicos. Sin lugar a dudas los productos naturales son estructuras biológicamente validadas a través de la co-evolución con el resto de los seres vivos (Ibid).

Del residuos que se obtienen de la industria vinícola o pomace (residuo del prensado de los vinos recién fermentados y que consiste en pieles prensadas, residuos de pulpa, pepita y tallos). Tienen grandes cantidades de compuestos fenólicos y de los extractos de orujo de uva con gran concentración de flavonoide, como las catequinas y estilbenos como el resveratrol, muy abundante en la uva, son considerados compuestos bioactivos. Estos compuestos tienen propiedades antioxidantes, antibacterianas, antiinflamatorias, antivirales, anticancerígenas y evitan las enfermedades cardiovasculares.

Los productos naturales han sido tradicionalmente el objeto de intensivos programas de búsqueda de nuevos antibióticos. La mayoría de los antibióticos introducidos en la clínica para el tratamiento de las infecciones bacterianas en los últimos 50 años han sido productos naturales producidos por bacterias del grupo de los actinomicetos. La evolución de la terapia antibacteriana a lo largo de estos años ha sido intensa, al tener que responder cada vez más rápidamente al creciente problema de la aparición de resistencias frente a los nuevos compuestos en los patógenos más importantes. Otros criterios como el aumento del espectro, la eficacia, el margen de seguridad y la estabilidad de los nuevos fármacos han impulsado también el desarrollo de una amplia colección de compuestos semi-sintéticos a partir de moléculas de origen microbiano. (Peláez Fernando y Olga Genilloud , 2004).

Derivados naturales o compuestos juegan todavía un gran rol como drogas, y como director de estructuras para el desarrollo de moléculas sintéticas. Alrededor del 50 % de las drogas introducidas al mercado durante los últimos

20 años son derivados directos o indirectos de pequeñas moléculas biogenas. En el futuro, los productos naturales continúan jugando un gran rol como substancias activas, modelos moleculares para el descubrimiento y validación de blancos de drogas. Un enfoque multidiciplinario para descubrir drogas implica la generación de verdaderas moléculas nuevas, derivadas de fuentes de productos naturales, totalmente combinadas y metodologías sintéticas convencionales, proporciona la mejor solución para incrementar la productividad en investigación y desarrollo. Muestreo de nuevas drogas en plantas implica el muestreo de extractos para la presencia de nuevos compuestos y una investigación de sus actividades biológicas. Es comúnmente estimado que existen aproximadamente 420,000 especies de plantas en la naturaleza (Vuorelaa P, et al, 2004).

El valor de los productos naturales en este respecto puede ser evaluado usando tres criterios: (1) la rapidez de introducción de nuevos entidades de amplia estructura diversa, incluyendo porciones como plantillas de modificaciones semisinteticas y totalmente sintéticas, (2) el número de enfermedades tratadas o evitadas por estas substancias, y (3) su frecuencia de uso en el tratamiento de enfermedades (Young-Won Chin 2006).

El advenimiento de la moderna biotecnología abrió por completo nuevas perspectivas para el uso de microorganismos como generadores de productos farmacéuticos. A la vista de la inmensa variedad de grupos de genes biosintéticos de productos naturales que ahora son accesibles a través de la secuenciación de alto rendimiento, es deseable establecer tecnologías eficientes de modificación, transferencia y expresión. Los métodos que la ingeniería genética provee pueden ser utilizados para la producción de productos naturales derivados de microorganismos de lento crecimiento o incluso de aquellos que no se pueden cultivar. Estos métodos pueden modificar

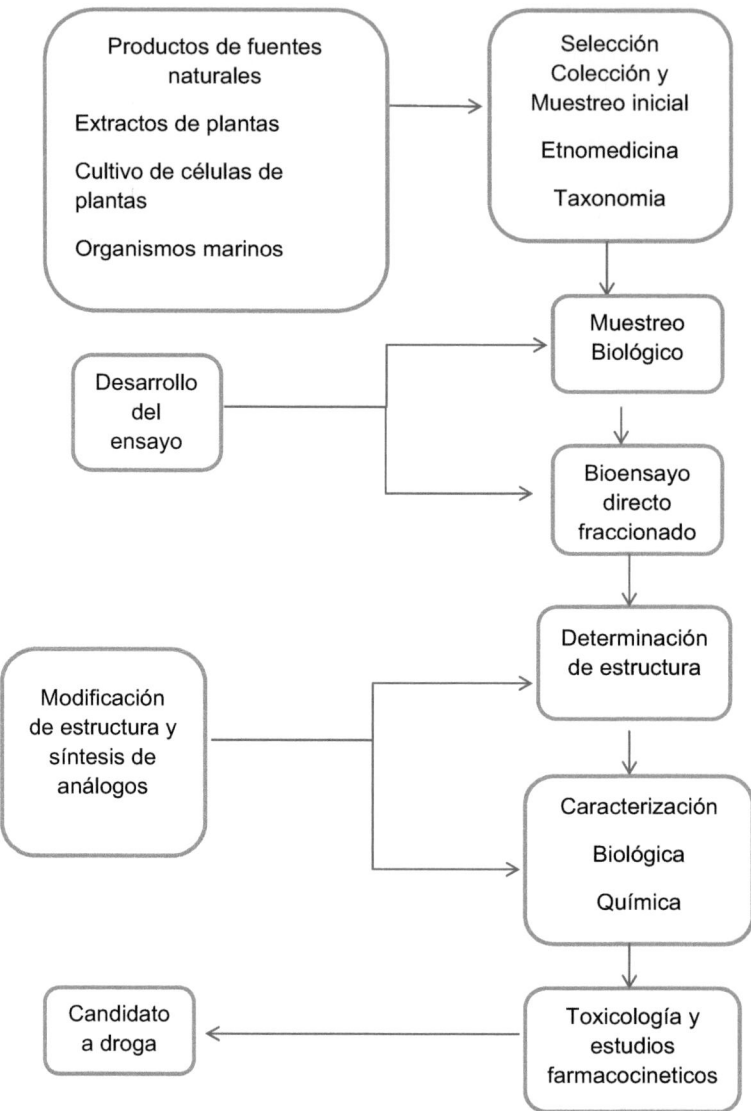

Diagrama de flujo del procedimiento seguido por Xechem para generar candidatos a drogas (adaptado de Ramesh C. et al 2000).

genes biosintéticos o insertar genes específicos dentro del ADN de una cepa productora de antibióticos para obtener metabolitos secundarios modificados. Aunado a lo anterior, nuevos metabolitos se pueden obtener por combinar al azar los genes de dos o más grupos de genes que tienen influencia en rutas biosintéticas similares (Martínez Evangelista Z y Moreno Enríquez A 2007).

Las moléculas más importantes para la vida son las proteínas, los hidratos de carbono, las grasas y los ácidos nucleicos. A pesar de las características extremadamente diferentes de los distintos seres vivos, las rutas generales para modificar y sintetizar estas sustancias son esencialmente las mismas para todos con muy pequeñas modificaciones. Estos procesos se conocen como Metabolismo Primario y los compuestos implicados en las diferentes rutas se conocen como metabolitos primarios. Se denomina metabolismo secundario al conjunto de procesos en el que participan compuestos con una distribución mucho más limitada y específica según el ser vivo. Los compuestos que participan en este metabolismo se denominan metabolitos secundarios, son específicos de las especies y son los que a partir de ahora definiremos como productos naturales. Las moléculas más importantes para la vida son las proteínas, los hidratos de carbono, las grasas y los ácidos nucleicos. A pesar de las características extremadamente diferentes de los distintos seres vivos, las rutas generales para modificar y sintetizar estas sustancias son esencialmente las mismas para todos con muy pequeñas modificaciones. Estos procesos se conocen como Metabolismo Primario y los compuestos implicados en las diferentes rutas se conocen como metabolitos primarios. Se denomina metabolismo secundario al conjunto de procesos en el que participan compuestos con una distribución mucho más limitada y específica según el ser vivo. Los compuestos que participan en este metabolismo se denominan metabolitos secundarios, son específicos de las especies y son los que a partir de ahora definiremos como productos naturales (Gutierrez Ravelo A y Estevez Braun A 2009).

Los péptidos bioactivos son productos de la degradación de proteínas por proteasas que poseen una función biológica específica solo luego de ser liberados de la proteína precursora. Han sido definidos, por lo tanto, como fragmentos específicos de una proteína que interactuando con los receptores específicos en las células blanco inducen respuestas fisiológicas que regulan las funciones del organismo. Muchos péptidos bioactivos han sido identificados, pero debe hacerse una distinción entre las proteínas bioactivas presentes naturalmente en los alimentos (por ejemplo: factores de crecimiento o inmunoglobulinas presentes en la leche) y los péptidos que se generan durante la digestión de fuentes proteicas intactas, o por el uso de hidrolizados de proteína como componentes de un sistema alimentario formulado Los péptidos bioactivos son productos de la degradación de proteínas por proteasas que poseen una función biológica específica solo luego de ser liberados de la proteína precursora. Han sido definidos, por lo tanto, como fragmentos específicos de una proteína que interactuando con los receptores específicos en las células blanco inducen respuestas fisiológicas que regulan las funciones del organismo. Muchos péptidos bioactivos han sido identificados, pero debe hacerse una distinción entre las proteínas bioactivas presentes naturalmente en los alimentos (por ejemplo: factores de crecimiento o inmunoglobulinas presentes en la leche) y los péptidos que se generan durante la digestión de fuentes proteicas intactas, o por el uso de hidrolizados de proteína como componentes de un sistema alimentario formulado (Villadóniga C., et al, 2009).

Asimismo, las proteínas del huevo se han convertido en una de las fuentes principales para la obtención de péptidos bioactivos. Los péptidos bioactivos son secuencias específicas de aminoácidos, inactivos en el interior de la proteína precursora, que ejercen determinadas actividades biológicas tras su liberación mediante hidrólisis química o enzimática. La diversidad de estructuras de las proteínas del huevo, con muy diferentes propiedades fisicoquímicas, las hace especialmente atractivas para la búsqueda de nuevos péptidos biológicamente activos. En el momento actual, se han descrito péptidos derivados de proteínas de huevo con actividad antihipertensiva, debida principalmente a un mecanismo vasodilatador endotelio-dependiente y a su capacidad para inhibir la enzima conversora de angiotensina (ECA) *in vitro o in vivo*. Se conocen también péptidos con propiedades antioxidantes, bien por su capacidad neutralizadora de radicales libres, por su capacidad de inhibir la oxidación de las LDL y producir, por ello, efectos beneficiosos sobre el perfil lipídico, o bien por disminuir el estrés oxidativo asociado a la inflamación. Recientemente, también se han descrito péptidos con actividad hipoglucémica in vitro en virtud de sus propiedades inhibidoras de la enzima α-glucosidasa (López Fandiño R, 2014).

Los metabolitos secundarios de origen vegetal se encuentran generalmente como mezclas de compuestos en compartimientos. Suelen variar en su concentración y presencia en las distintas partes de la planta y según la etapa de desarrollo. Algunos de ellos, ya presentes en la planta de origen, suelen activarse como compuestos de defensa o aumentar en su concentración, ante estímulos externos. También se producirán otros nuevos como mecanismo de defensa de la planta. Los metabolitos secundarios actúan en los mecanismos de defensa, atracción y protección UV de la planta, así como en los fenómenos de alelopatía y como señalización de estrés . Al ubicar el tipo de compuestos que actúan como defensa de la planta ante diferentes agentes y factores externos, se   pueden obtener compuestos con esa actividad frente a los agentes determinados pero de acción externa a la planta, como por ejemplo:

compuestos repelentes de insectos, antimicrobianos, de inhibición de germinación y de crecimiento (Pomilio AB, 2012).

La investigación bibliográfica realizada por Vargas Hernández y colaboradores (2013) muestra que los nutrientes y/o compuestos bioactivos pueden, directa e indirectamente, de forma individual o sinérgica, modificar la estructura de la cromatina, fragmentar el DNA, suprimir o promover la expresión de los genes modulando la transcripción y transducción, bloquear o activar distintas vías de señalización intra y extracelular involucradas en la proliferación, diferenciación y muerte celular, y contrarrestar los efectos de algunas moléculas del entorno intra y extracelular. Aunque, en general, los efectos e interacciones de los nutrientes y/o compuestos bioactivos selectivamente inducen la muerte e inhiben el crecimiento y proliferación de las células cancerígenas, bajo ciertas condiciones, dichos efectos e interacciones pueden promover la carcinogénesis. Por otro lado, si bien los nutrientes y/o compuestos bioactivos exhiben diversos mecanismos de acción a nivel celular puede que estos no sean igual de relevantes en un nivel de mayor complejidad. Además, es importante considerar que, incluso en el nivel celular, dichos mecanismos no son homogéneos, pues dependen de la característica morfológica y bioquímica de la célula y de las condiciones del entorno.

Los hongos endófitos habitan en las plantas sin causar síntomas aparentes de enfermedad. La estrecha relación que existe entre el endófito y su planta hospedera se considera de gran importancia, ya que el hongo es capaz de producir metabolitos bioactivos, así como modificar los mecanismos de defensa de su hospedera, permitiendo e incrementando la sobrevivencia de ambos organismos. Estudios recientes demuestran la enorme capacidad que tienen los hongos endófitos para producir compuestos activos que le confieren protección a su hospedera contra el ataque de patógenos y herbívoros, constituyendo una nueva vía para la obtención de diversos precursores o moléculas novedosas de utilidad en la agricultura y en la medicina (Sánchez Fernández RE et al 2013).

La persistente aplicación de pesticidas a menudo conduce a su acumulación en el medio ambiente y al desarrollo de resistencia en varios organismos. Estos químicos frecuentemente se degradan lentamente y tienen el potencial para bioacumularse a través de la cadena alimenticia y en los principales depredadores. Cancer y daño neuronal a niveles genómicos y proteomicos han sido relacionados a exposición a pestecidas en humanos. Estos efectos negativos alientan la investigación de nuevas fuentes de biopesticidas que sean más amigables con el medioambiente para la salud ambiental y humana. Muchas plantas o compuestos de hongos tienen una importante actividad biológica asociada con la presencia de metabolitos secundarios. La biotecnología de plantas y los nuevos métodos moleculares ofrecen maneras para entender la regulación y para mejorar la producción de metabolitos secundarios de interés. Ocurriendo naturalmente la protección química de las cosechas ofreciendo nuevos enfoques para el control de pestes y proveer de una nueva fuente de productos naturales bioactivos con cualidades de biodegración, baja toxicidad para mamíferos y amigables con el medio ambiente. Latinoamérica es una de los mundos con regiones con mayor biodiversidad y provee un reservorio anteriormente insospechado de nuevas y potencialmente útiles moléculas. Fitoquimicos de un número de familias de plantas y hongos del sur de los Andes y de México son ahora evaluados. Basidiomycetos de los Andes son también una gran fuente de nuevos compuestos científicos que son interesantes y potencialmente útiles. El uso de biopesticidas es un componente importante componente del manejo integral de pestes (MIP) y puede mejorar el riesgo beneficio de producción de muchas cosechas en todo el mundo (Cespedes C. et al, 2015).

El tomate de árbol puede considerarse buena fuente de fibra dietaria y de ácido ascórbico. La caracterización de la pectina resultó ser de alto metoxilo, con grado de esterificación y de metoxilo mayores que las pectinas comerciales. Se evidencia una cantidad significativa de polifenoles, antocianinas y carotenos, que le confieren un potencial antioxidante, lo cual soporta su valor nutricional. Los compuestos antioxidantes y la presencia de pectina, de interés en el desarrollo de productos alimenticios. Los resultados obtenidos son un aporte al conocimiento acerca de las propiedades físicas y químicas del fruto que permiten diversificar su consumo y empleo como un ingrediente funcional con un potencial en compuestos antioxidantes y la presencia de pectina, de interés en el desarrollo de productos alimenticios (Torres Alexia 2012).

En los últimos años se están produciendo importantes cambios en los hábitos de consumo impulsados por la continua aparición de evidencias científicas que acreditan como a través de la dieta y/o sus componentes se pueden modular algunas funciones fisiológicas especificas en el organismo y por tanto favorecer el bienestar y la salud. En tal sentido se está produciendo continuos avances en el desarrollo de alimentos percibidos más saludables, entre los que cabe destacar los alimentos funcionales que en la actualidad constituyen un mercado a la alza y uno de los principales impulsores del desarrollo de nuevos productos. Ya que el papel de los alimentos funcionales se fundamenta en la presencia de ingredientes funcionales (compuestos bioactivos), la posibilidad de desarrollar tales alimentos pasa por emplear estrategias capaces de condicionar la presencia de determinados compuestos, bien incrementando la proporción de aquellos que exhiben efectos beneficiosos, o bien limitando el contenido de aquellos otros con implicaciones negativas para la salud (Jiménez-Colmenero F, 2013).

Se han realizado estudios con mezclas de diferentes frutas tropicales para determinar su capacidad antioxidante total (da Silva Pereira A C et al 2015).

Referencias

Cespedes Carlos, Alarcon Julio, Aqueveque Pedro M, Lobo Tatania, Becerra Julio, Balbontin Cristian, Avila José G. Kubo Isao, Seigler David S (2015) *New environmentally friendaly antimicrobials and biocides from Andean y Mexican biodiversity* Enviromental Research Oct Vol 142 pag 549-562

Da Silva Pereira CA, Nedio Jair Wurltizer, Ana Paula Dionisio, Marcia Valeria Lacerda Soares, Maria del Socorro Rocha Bastos, Ricardo Elesbao Alves, Isabella Montenegro Brasil (2015) *Synergistic additive and antagonic effects of fruit mixtures on total antioxidant capacities and bioactive compounds in tropical fruit juices* Archivos Latinoamericanos de Nutrición Vol 65 No 2.

De Lara G. (1992). *Toxic properties of some marine algae.* Rev. Soc. Mex. Hist. Nat. 43: 81-85.

Gutierrez Ravelo A y Estevez Braun A (2009) *Relevancia de los productos naturales en el descubrimiento de nuevos fármacos en el S. XXI* Rev.R.Acad.Cienc.Exact.Fís.Nat. (Esp),; 103

Jiménez-Colmenero F. (2013) *Emulsiones múltiples; compuestos bioactivos y alimentos funcionales* Nutrición Hospitalaria 28(5); 1413-1421

López Fandiño R (2014) Conferencia impartida Jornadas Profesionales de Avicultura. www. Avicultura.com

Martínez-Evangelista Zahaed y Moreno-Enríquez Angélica (2007) *Metabolitos secundarios de importancia farmacéutica producidos por Actinomicetos* Bio Tecnología Volumen 11 No 3

Peláez Fernando y Olga Genilloud (2004) *Nuevos fármacos basados en productos naturales de origen microbiano* Centro de Investigación Básica Merck, Sharp & Dohme de España, S.A

Pomilio A B (2012) *Investigación en Química de Productos Naturales en Argentina*: Vinculación con la Bioquímica Acta Bioquím Clín Latinoam; 46 (1): 73-82

Ramesh C. Pandey, Renuka Misra, Luben K. Yankov, Bohos Mesrob, and Amlan Dutta (2000) *A novel Approach for Discovering Phytopharmaceuticals* Chapter 5 Phitochemicals and Phytopharmaceuticals Editors Fereidoon Shahidi Chi-Tang Ho AOCS Press

Sánchez-Fernández Rosa Elvira, Brenda Lorena Sánchez-Ortiz, Yunueth Karina Monserrat Sandoval-Espinosa, Álvaro Ulloa-Benítez, Beatriz Armendáriz-Guillén, Marbella Claudia García-Méndez y Martha Lydia Macías-Rubalcava (2013) *Hongos endófitos: fuente potencial de metabolitos secundarios bioactivos con utilidad en agricultura y medicina* Revista Especializada en Ciencias Quimicas Biologicas 16(2); 132-146

Torres A (2012) *Caracterización física, química y compuestos bioactivos de pulpa madura de tomate de árbol* (Cyphomandra betacea) (Cav.) Sendth Archivos latinoamericanos de Nutrición Vol 62 No 4

Vargas Hernández JE, Camacho Gómez MP y Ramirez D (de Peña 2013) *Efecto de los nutrientes y compuestos bioactivos de los alimentos en tejidos y células de cáncer humano: aproximación nutrigenómica* Revista de la Facultad de Medicina Universidad Nacional de Colombia Vol 61 No 3

Villadóniga C, Sandra E. Vairo Cavalli, Susana R. Morcelle del Valle, Mª. Eugenia Errasti, Mariela A. Bruno Miriam Barros, y Ana Mª. B. Cantera (2009) Capitulo 20 *Productos bioactivos obtenidos por proteólisis (nutracéuticos y alimentos funcionales)* Enzimas proteolíticas de vegetales superiores. Aplicaciones industriales

Vuorelaa P, Leinonenb M, Saikkuc P, Tammelaa P, Rauhad JP, Wennberge T, Vuorela H (2004): *Natural products in the process of finding new drug candidates.* Curr Med Chem , 11:1375–1389.

Young-Won Chin, Marcy J. Balunas , Hee Byung Chai , and A. Douglas Kinghorn Drug (2006) *Discovery From Natural Sources* The AAPS Journal ; 8 (2) Article 28

Capitulo II

Productos naturales con actividad antimicrobiana

Concepción García Luján

Introducción

La investigación fitoquímica, en la cual se evalúan las propiedades farmacológicas de las plantas, conduce hacia el descubrimiento de nuevos agentes antiinfectivos a partir de las plantas superiores. Debido al desarrollo de cepas resistentes a las drogas, en patógenos de humanos en contra de antibióticos usados comúnmente, se hace necesario el descubrimiento de nuevas sustancias con propiedades antimicrobianas de las plantas y de otras fuentes (Syed, 2013).

Una buena alternativa para abordar éste asunto puede ser con la utilización de productos naturales y fitoquímicos con propiedades antimicrobianas. En países subdesarrollados, la única opción son las plantas medicinales, las cuales han sido usadas para el tratamiento de enfermedades e infecciones por cientos de años en la medicina tradicional (Zomordian, 2014).

La creciente demanda de alternativas a los antibióticos para la promoción del crecimiento, junto con la aparición de algunas enfermedades ligadas a infecciones bacterianas de tipo zoonótico, ha puesto de manifiesto el potencial de los extractos vegetales y en especial de algunos de sus aceites esenciales, como agentes antibióticos (Dan, 2011). Las propiedades antibióticas de los aceites esenciales a partir de una variedad de plantas se han evaluado. Está claro que a partir de estos estudios que los metabolitos secundarios de las plantas tienen potencial para actuar como una alternativa para sustituir a los antimicrobianos en la conservación de alimentos (Carneiro, 2009).

Recientemente, existe un creciente interés en la búsqueda de agentes antimicrobianos naturales a partir de extractos obtenidos de diferentes materiales vegetales (Kurs, 2011).

Antimicrobianos naturales y su utilización en los alimentos

Algunos antimicrobianos naturales se obtienen principalmente de las plantas. Lo más difícil es extraer, purificar, estabilizar e incorporar dicho antimicrobiano, sin afectar su calidad sensorial y seguridad en el alimento (Silva, 2013).

En los últimos años, el aumento de la demanda de productos, sin conservantes sintéticos más naturales, ha llevado a la industria alimentaria para considerar la incorporación de conservantes naturales en una amplia gama de productos (Carneiro, 2009). Recientemente, existe un creciente interés en la búsqueda de agentes antimicrobianos naturales a partir de extractos obtenidos de diferentes materiales vegetales (Kurs, 2011). El uso de compuestos antimicrobianos naturales tiene la ventaja de ser más aceptable por los consumidores ya que éstos se consideran como no química (Carneiro, 2009).

En respuesta a las demandas de los consumidores, la industria alimentaria actualmente ayuda a obtener productos "con etiqueta limpia" con pocos aditivos sin comprometer la seguridad del alimento, la conveniencia, o las características sensoriales. La sustitución de ingredientes naturales por los compuestos sintéticos se ha extendido hasta la vida de anaquel de bajo costo. Los compuestos antimicrobianos de las plantas pueden proveer herramientas adecuadas para la preservación de los alimentos sin aditivos químicos: Los componentes defensivos de las planta en contra de los herviboros y de los fitopatógenos generalmente poseen propiedades biocidas. Los compuestos para la defensa de las plantas son las fitoalexinas y fitoanticipinas, dependiendo del clima su conformación es constitutiva o inducida por el estrés. Estos compuestos pueden incluir componentes fenólicos (Acidos, taninos y flavonoides), glucosinolatos, glucósidos cianogénicos, acidos grasos y oxilipinas y glicoalcaloides. De estos compuestos, los glucósidos cianogénicos y los glucoalcaloides son tóxicos pero los demás son viables para ser utilizados en aplicaciones alimentarias. Debido a la falta de conocimiento sobre los mecanismos de acción, sus espectros antimicrobianos y los métodos para su recuperación, han sido poco usados en la preservación de alimentos.

Existen muchos estudios sobre la actividad antimicrobiana de los extractos de diferentes tipos de orégano *Lippia greveolens*, que son indicados como bactericidas e insecticidas, los cuales presentan actividad antimicrobiana comparable, o incluso mayor, que los compuestos típicamente utilizados para estos propósitos (Arcila, 2004). La mayor parte de los antimicrobianos alimentarios solamente son bacteriostáticos (sistemas de conservación que impiden el desarrollo de gérmenes) o fungistáticos, en lugar de bactericidas (sistemas de conservación que destruyen los gérmenes) o fungicidas, por lo que su efectividad sobre los alimentos es limitada (Blanchard, 2000).

Compuestos bioactivos presentes en los productos naturales

La actividad antimicrobiana de hierbas y plantas es generalmente atribuida a los compuestos fenólicos presentes en sus extractos o aceites esenciales, y se ha observado que la grasa, proteína, concentración de sal, pH y temperatura afectan la actividad antimicrobiana de estos compuestos (Rodríguez, 2011; Sauceda, 2011).

La mayoría de los estudios disponibles relacionados con los antimicrobianos encontrados en la literatura científica involucran la actividad antimicrobiana o antioxidante de plantas, de especies y de sus componentes. La diversidad estructural de los compuestos derivados de las plantas es inmensa, y el impacto en la acción antimicrobiana que ellas producen en contra de los microorganismos depende de su configuración estructural. Los compuestos fenólicos poseen una gran variabilidad estructural y son uno de los grupos más diversos de metabolitos secundarios. Se piensa que el grupo hidroxilo (-OH) de los compuestos fenólicos es el responsable de la actividad inhibitoria, como estos grupos pueden interactuar en la membrana celular de la bacteria hasta dañar las estructura de la membrana y causar la   fuga de los componentes celulares. Los grupos activos tales como el –OH pueden promover la deslocalización de electrones, los cuales pueden actuar como protones de intercambio y reducir el gradiente a través de las membranas citoplasmáticas de las células bacterianas. Esto puede causar el colapso de la fuerza motríz de los protones y la depleción del ATP y conducir a la muerte celular. La posición del grupo –OH también afecta la efectividad de los componentes antimicrobianas (Gyawali, 2014).

Por ejemplo, la estructura del timol es similar a la del carvacrol, sin embargo la diferencia en la efectividad como antimicrobiano entre estos compuestos en bacterias Gram-positivas y Gram-negativas fue observado cuando se probaron en placa. Esta diferencia se atribuye a la localización del grupo –OH meta en el timol y a la posición orto en el carvacrol, esto ha sido reportado por muchos autores, otro ejemplo es la posición del grupo –OH 5 en las flavanonas y las falvonas, para la actividad en contra de cepas de *Staphylococcus aureus* resistentes a la meticilina (MRSA), ha enfatizado la importancia del grupo –OH y su sistema de electrones deslocalizados presentes en en carvacrol en contra de patógenos alimentarios. La importancia del número de dobles enlaces en relación con la efectividad antimicrobiana en el citronelol, geraniol y el nerol; el citronelol se ha encontrado que tiene poca efectividad debido a la presencia de solo un puente doble, mientras que el geraniol y el nerol con dos puentes de hidrógeno han mostrado una alta actividad antimicrobiana en contra de bacterias probadas (*B. cereus, Escherichia coli, S aureus* y en levaduras *Candida albicans*) (Gyawali, 2014).

Los aceites esenciales como antimicrobianos

Los Aceites Esenciales (AEs) se definen como una mezcla de varias sustancias o como componentes volátiles de naturaleza compleja elaborados por ciertos vegetales y que confieren un aroma agradable, son productos del metabolismo secundario y son importantes para la defensa de las plantas, ya que a menudo poseen propiedades antimicrobianas y que a su vez pueden tener estructuras muy diversas y son aislados principalmente de plantas medicinales (Kuklinski, 2003; García, 2010; Hyldgaard, 2012). Estos se encuentran muy difundidos en el reino vegetal, de las 295 familias de plantas superiores conocidas, de 60 a 80% producen dichos aceites. Las principales plantas que contienen aceites esenciales se encuentran en familias como: compuestas, labiadas, lauráceas, mirtáceas, rosáceas, rutáceas, umbelíferas y pináceas (Martínez, 2011).

Los AEs se definen como productos volátiles de naturaleza compleja elaborados por ciertos vegetales y que les confieren un aroma agradable. Son productos que se pueden obtener por arrastre de vapor de agua o por expresión, éstos son mezclas de varias sustancias químicas biosintetizadas por las plantas, que dan el aroma característico a algunas flores, arboles, frutos, hierbas, especias y semillas (Kuklinski, 2003; García, 2010). Las propiedades físico-químicas de los AEs son muy diversas, puesto que el grupo engloba substancias muy heterogéneas, de las que en la esencia de una planta, prácticamente puede encontrarse solo uno o más compuestos. El rendimiento de esencia obtenido de una planta varía de unas cuantas milésimas por ciento del peso vegetal hasta 1-3%. La composición de una esencia puede cambiar con la época de la recolección, el lugar geográfico y la hora en que se colecta (James,1997).

Los AEs se clasifican de acuerdo a su origen como: naturales, artificiales y sintéticos. Los naturales se obtienen directamente de la planta y no sufren modificaciones físicas ni químicas posteriores, debido a su rendimiento tan bajo son muy costosas. Los artificiales se obtienen a través de procesos de enriquecimiento de la misma esencia con uno o varios componentes. Los AEs sintéticos como su nombre lo indica son los producidos por la combinación de sus componentes, los cuales son la mayoría de las veces obtenidos por procesos de síntesis química. Estos son más económicos y por lo tanto, son mucho más utilizados como aromatizantes y saborizantes (esencia de vainilla, limón y fresa, etc) (Martínez, 2011). Además, el conocimiento de las propiedades químicas de los AEs y otros extractos, permiten proponer a estos productos como fuente alternativa y natural, de compuestos útiles en la industria y tecnología (Henao y col., 2009).

Es bien conocida la actividad antibacteriana de los aceites esenciales ante cepas de bacterias patógenas de importancia clínica, de tal manera que se pueden desarrollar productos naturales, que ayuden a contrarrestar su proliferación y mecanismos de infección. Dichos productos se pueden elaborar a base de estos aceites, por ejemplo como aditivo, como conservante o como desinfectante para los alimentos, considerando este último, como el principal medio donde se desarrollan las enfermedades infecciosas gastrointestinales. Otra alternativa para erradicar las enfermedades nosocomiales, es realizar un jabón líquido a base de orégano para la asepsia personal (Villarreal, 2014).

Los aceites esenciales y extractos vegetales cubren un amplio espectro de efectos farmacológicos mostrando adicionalmente diversas propiedades antiinflamatorias, antioxidantes, y anticancerígenas (García, 2010). La composición química y algunas actividades biológicas de los aceites esenciales de varias especies de *Lippia* y *Origanum* han sido reportadas con propiedades antimicrobianas, sin embargo, las propiedades antimicrobianas de *Lippia palmeri* mexicana son poco conocidas (Robles, 2012).

El aceite esencial de muchas especies aromáticas (orégano, tomillo, salvia, perejil, clavo, cilantro, ajo y cebolla) muestran actividad antimicrobiana, que varía en función de las especies, subespecies y variedades vegetales (Ortega, 2011). También, posee actividad antimicrobiana contra las bacterias gram negativas que ya han sido evaluadas tales como; *Escherichia coli*, *Pseudomona aeruginosa*, *Salmonella tiphymurium*, *Salmonella cholerae suis* y *Vibrio cholerae,* excepto *P. aeruginosa* (Villarreal, 2014).

Mecanismos de acción de los productos naturales frente a los microorganismos
Los antimicrobianos naturales pueden tener al menos tres tipos de acción sobre el microorganismo:

✓ Inhibición de la biosíntesis de ácidos nucleicos o de la pared celular.
✓ Daño a la integridad de las membranas.
✓ Interferencia con la gran variedad de procesos metabólicos esenciales.
Consecuentemente algunos agentes antimicrobianos pueden afectar a muchos tipos de microorganismos, mientras que otros muestran un espectro de inhibición más reducido (Mussel,1982).

Se reconoce que la acción antimicrobiana depende del carácter lipofílico o hidrofílico del aceite esencial. Teniendo en cuenta la gran cantidad de los componentes químicos presentes en los AEs, lo más probable es que su actividad antimicrobiana no se puede atribuir a un solo mecanismo, sino que se da a varios niveles en las células microbianas (Carson, 2002).

Los aceites fenólicos (fenoles y ácidos fenólicos), se han encontrado como buenos inhibidores de crecimiento bacteriano. Características como un anillo aromático, un grupo hidroxilo u otros grupos como el tert-butil o el isopropal, alteran la polaridad y la topografía de la molécula y por lo tanto pueden cambiar la afinidad de la misma con sitios de unión diferentes en la bacteria. La hidrofobicidad y la descripción de un ácido graso (tamaño molecular y forma), también tienen papeles importantes en la actividad antibacteriana (Si, 2006).

La pérdida de potasio a nivel celular, es la primera indicación de daño en las membranas de los microorganismos. Esto confirma el hecho de que la disrupción de las membranas contribuye al modo de acción de los grupos fenólicos como el eugenol y el timol, como se observa en la **Figura 1** (Walsh, 2008).

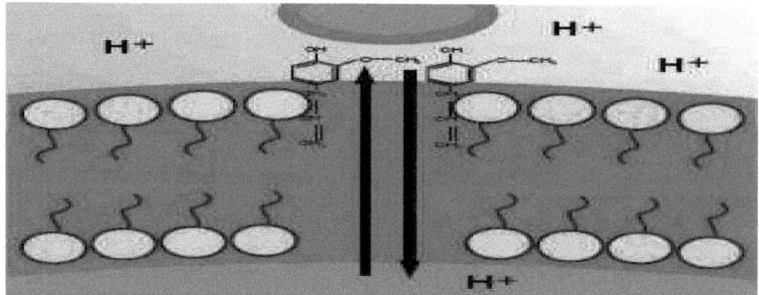

Figura 1. Mecanismo de acción de los aceites esenciales.

Los AEs actúan sobre la pared celular de clases específicas de bacterias, haciendo la pared celular más permeable y permitiendo la entrada y salida de protones de las células. Lo cual induce un estado de desequilibrio y muerte (Walsh, 2008).

Investigaciones de los efectos de los terpenoides en membranas bacterianas aisladas sugieren que su actividad está en función de las propiedades lipofílicas de los constituyentes de los terpenos, la potencia de sus grupos funcionales y su solubilidad acuosa. Su sitio de acción aparentemente es la capa fosfolipídica y mediante mecanismos bioquímicos como la inhibición del transporte de electrones, translocación proteínica, pasos de fosforilización y otras reacciones dependientes de enzimas (Dorman, 2006). Algunos componentes de los AEs aparentemente actúan a nivel de las proteínas embebidas en la membrana citoplasmática, enzimas como las ATPasas están localizadas en la membrana citoplasmática y bordeadas por moléculas lipídicas.

Hay dos posibles mecanismos en los que participan las moléculas de hidrocarburoscíclicos; las moléculas de hidrocarburos lipofílicos pueden acumularse en la capa lipídica y alterar la interacción lípido/proteína ó se puede dar una interacción directa entre el componente lipídico y la parte hidrófoba de la proteína. Se ha observado que se estimula la formación de seudomicelios en ciertas levaduras al adicionar AEs, lo que puede indicar que los aceites actúan a nivel de la regulación energética o en la síntesis de componentes estructurales (Juven, 1994).

Referencias

Syed, F., Taj R., Shaheen N. et al. 2013. Latent natural product and their potential application as anti-infective agents. Am. J. of Biomed. Sci. 6(1):11-19

Zomorodian, K. Ghadiri P., Saharkhiz, M.J. 2015. Antimicrobial activity of seven essential oils from iranian aromatic plants against common causes of oral infections. Jundishapur J. Microbiol. 8(2): e17766

Dan Zekaria. 2011. Los aceites esenciales una alternativa a los antimicrobianos. Fecha de Consulta: 2012. Sitio: http://www.wpsaaeca.es/aeca_imgs_docs/wpsa1182855355a.pdf.

Carneiro de Barros Jefferson, Conceiçao Maria Lucia, Nelson Gomes Neto Justino, Vieira da Costa Ana Caroliny , Pinto Siqueira Jose, Diniz Basılio Irinaldo, Leite de Souza Evandro. 2009. Interference of *Origanum vulgare* L. essential oil on the growth and some physiological characteristics of *Staphylococcus aureus* strains isolated from foods. Food Science and Technology 42:1139–1143.

Kurs Emre M., Yılmaz P, Erecevit Ö. 2011. Antioxidant and antimicrobial activity in the seeds of *Origanum vulgare* L. subsp. gracile (C. Koch) Ietswaart and *Origanum acutidens* (Hand. Mazz.) Ietswaart from Turkey. Grasas y aceites 62(4): 410-417.

Silva Sánchez Jesus, Cruz Trujillo Enrique, Barrios Humberto, Reyna Flores Fernando, Sánchez Pérez Alejandro, Garza Ramos Ulises. 2013. Characterization of Plasmid-Mediated Quinolone Resistance (PMQR) Genes in Extended-Spectrum β-Lactamase-Producing *Enterobacteriaceae* Pediatric Clinical Isolates in Mexico. PLoS ONE. 8(10): 68-77.

Sanchez M. A.F., Schieber A., Ganzle M.G. (2015). Plant defense mechanisms and enzymatic trabsformation products and their potential applications in food preservation: Advantajes and limitations. Trends in Food Science & Technology 46: 49-59.

Arcila Lozano C., Loarca Piña G., Lecona Uribe S., González de Mejía E. 2004. El orégano: propiedades, composición y actividad biológica de sus componentes. Archivos latinoaméricanos de nutrición. 54 (1):100-111.

Blanchard J., 2000. Los antimicrobianos naturales refuerzan la seguridad en los alimentos. Fecha de Consulta: 2013. Sitio: http://www.directoalpaladar.com/2006/10/28-los-antimicrobianos-naturales-refuerzanla-seguridad-en-los-alimentos.

Rodríguez Sauceda Elvia Nereyda. 2011. Uso de agentes antimicrobianos naturales. Ra Ximhai.7(1):153-170.

Sauceda R., Nereyda E. 2011. Uso de agentes antimicrobianos naturales en la conservacion de frutas y hortalizas. Redalyc.7(1):153-168.

Gyawali, R., Ibrahim S.A. 2014. Natural products as antimicrobial agents. Food Control. 46: 412-429.

Kuklinski Claudia. 2003. Farmacognosia: estudio de las drogas y sustancias medicamentosas de origen natural. Editorial Omega. Barcelona.

García Luján Concepción, Martínez R Aurora., Ortega S José Luis, Castro B Fernando. 2010. Componentes químicos y su relación con las actividades biológicas de algunos extractos vegetales. Quimica viva 2: 86-96.

Hyldgaard M., Mygind T.,Meyer L. 2012. Essential oils in food preservation: modeofaction, synergies, and interactions with food matrix components. Frontiers in Microbiology. 3(12):1-24.

Martínez, M. 2011. Curso taller sobre el manejo de orégano (Lippia graveolens k.), una alternativa de producción rentable en las zonas semi áridas de México. CIRPAC. INIFAP. 2(5):389-401.

James, J. 1997. Microbiología Moderna de los Alimentos. Edición 2, Zaragoza-España.

Henao, J., Muñoz, L. J., Ríos, E. V., Padilla, L., & Giraldo, G. A. (2009). Evaluación de la actividad antimicrobiana de los extractos de la planta Lippia origanoides HBK cultivada en el departamento del Quindío. Rev. Invest. Univ. Quindio, 19, 159-164.

Villarreal G. K.J., Escalera R.E.G. 2014. Actividad antibacteriana del aceite esencial de orégano (Lippia graveolens) ante cepas de enterobacterias de importancia clínica. Tesis de licenciatura. Facultad de Ciencias Químicas – UJED.

Robles Refugio, Acedo Evelia, Robles Maria. 2012. Composición quimica y actividad antimicrobiana del aceite esencial de óregano (Lippia palmeri). Fitotec. 34(2): 11-17.

Ortega Nieblas Maria Magdalena, Robles Burgueño Maria Refugio, Acedo Felix Evelia, Gonzalez Leon Alberto, Morales Trejo Adriana, Vazquez, Moreno Luz. 2011. Chemical composition and antimicrobial activity of oregano (Lippia palmeri S. wats) essential oil. Fitotec. 34(1):32-47.

Mussel, D. 1983. Microbiología de los Alimentos. Ed. Acribia, España.

Carson F., Mee B., Riley T. 2002. Mechanism of action of *Melaleuca alternifolia* (tea tree) oil on *Staphylococcus aureus* determined by time-kill, lysis, leakage and salt tolerance assays and electron microscopy. Antimicrobial Agents and Chemotherapy. 46(6): 1914-1920.

Si W., Gong J., Tsao R., Zhou T., Yu H., Poppe C., Johnson R., Du Z. 2006. Antimicrobial activity of essential oils and structurally related synthetic food additives towards selected pathogenic and beneficial gut bacteria. Journal of Appied Microbiology.100: 296-305.

Walsh S., Maillard J., Russell A., Catrenich C., Charbonneau D., Bartolo R. 2008. Activity and mechanisms of action of selected biocidal agents on grampositive and -negative bacteria. Journal of Applied Microbiology, 94: 240-247.

Dormann H., Deans S. 2006. Antimicrobial agents from plants: antibacterial activity of plant volatile oils. Journal of Applied Microbiology. 88(1):308-316.

Juven B., Kanner J., Shcved F. Weisslowicsz H. 1994. Factors that interact with the antibacterial action of thyme essential oil and its active constituents. Applied Bacteriology. 76(6): 626-631.

Capítulo III

El impacto de los productos naturales sobre la reproducción masculina

Miguel Angel Téllez López

Con el interés de profundizar en el conocimiento de los productos naturales que pudiesen intervenir en la espermatogénesis afectando parámetros de calidad espermática, en este capítulo se revisan algunos hallazgos importantes con respecto a este tema

Se han investigado varios enfoques posibles para la inducción de la infertilidad durante un largo período, incluidos los métodos químicos, inmunológicos y hormonales. Sin embargo, ningún método es eficaz y libre de efectos secundarios. Investigaciones sobre el desarrollo de un anticonceptivo hormonal para los hombres, análogos a los estrógenos y las píldoras de progesterona utilizadas con tanto éxito por las mujeres se han llevado a cabo debido a que los preservativos y la vasectomía tienen cada uno deficiencias (Amory y col, 2006).

Para los países desarrollados y subdesarrollados el crecimiento de la población está afectando no solamente la economía sino también los aspectos sociales (Gopalkrishnan y Shimpi, 2011; Amory, 2008). Actualmente muchos gobiernos y dependencias no gubernamentales se encuentran trabajando para controlar el crecimiento desmedido de la población. A pesar de esto, en los últimos años, la población está aumentando a un ritmo alarmante (Amory, 2008). La población mundial supera los 7 mil millones de habitantes y está aumentando en 80 millones al año. En muchas partes del mundo, la superpoblación es la causa principal del sufrimiento humano y la degradación del medio ambiente. Gran parte de este crecimiento de la población es poco deseado. Organizaciones de Planificación familiar estiman que la mitad de todos los embarazos no son planeados y la mitad de los embarazos resultantes son no deseados (Amory y col, 2006). Esto último ocasiona aumento de las tasas de aborto, niños no deseados, incremento de la pobreza y abandono. Por consiguiente existe la necesidad de un mejor acceso a los anticonceptivos existentes, una mejor educación sexual y una mayor opción en la selección de anticonceptivos (Amory y col 2006; Álvarez-Gómez, 2007).

Una de las causas en el aumento de la población se debe a que la mayoría de los anticonceptivos están disponibles sólo para las mujeres y las opciones para controlar la concepción en los hombres son limitadas, principalmente el uso del condón y la vasectomía (Amory y col 2006; Amory, 2008; Bajaj y Gupta, 2011).

A pesar de esto, los hombres representan actualmente un tercio del uso de anticonceptivos (Amory y col 2006). En un estudio que realizó la Organización Mundial de la Salud (OMS) encontró que entre el 45 y el 71 por ciento de los hombres daría la bienvenida a un anticonceptivo seguro, reversible, conveniente y sin cirugía, que se podría utilizar por separado de las relaciones sexuales (Bhatt y col, 2007).

Los productos de plantas medicinales tienen una larga historia de uso en la India, China y otras regiones del mundo aunque no en todos los casos se han realizado investigaciones científicas que validen su uso (Khillare y Shrivastav, 2003).

Históricamente desde el siglo XIX las plantas han contribuido en el desarrollo de los anticonceptivos orales femeninos, pero la búsqueda de nuevos anticonceptivos masculinos se encuentra en una etapa incipiente (Gopalkrishnan y Shimpi, 2011).

La regulación de la fecundidad con plantas o preparados de plantas han sido reportadas en la literatura médica antigua de los pueblos indígenas. Un gran número de especies de plantas con efectos anticonceptivos han sido analizados en China y la India hace unos 50 años y se reforzaron posteriormente por los organismos nacionales e internacionales (Mali y col, 2002).

En México son pocas las fuentes que reportan métodos anticonceptivos tradicionales, en razón de que existen grandes prejuicios, tanto religiosos como morales, así como temor a enfermedades de transmisión sexual y trastornos que pudieran sobrevenir por su uso. Sin embargo, determinantes de tipo económico son generalmente los que propician la necesidad de prevenir un nuevo embarazo (UNAM, 2009).

En reproducción humana, se presenta la oportunidad de buscar en la medicina tradicional y especialmente en plantas medicinales, nuevas alternativas de regulación de la fertilidad (Talwar *et al.*, 1997). La importancia de los agentes espermicidas como método regulador de la fertilidad, unido a la existencia en la literatura científica y en el conocimiento popular de la diversidad vegetal que tienen efectos espermicidas, permite pensar en una propuesta interesante para un método regulador de la fertilidad de origen vegetal, que conserve las conocidas ventajas espermicidas sin el problema de la citotoxicidad contra el epitelio (Shakti *et al.*, 1993). Algunas de las plantas con actividad en la fertilidad según Álvarez-Gómez *et al.*, (2007) son las siguientes: *Abrus precatorius* (chocho de pinta negra), *Albizia lebbeck* (carbonero de sombrío o dormilón), *Aloe vera* (penca sábila), *Ananas comosus* (piña), *Anethum graveolens* (eneldo), *Apium graveolens* (apio), *Azaridactha indica* (árbol del neem) (Shakti *et al.*, 1993), *Bursera fagaroides* (cuijote), *Calendula officinalis* (El botón de oro, corona de rey, caléndula, caldo, flamenquilla, flor de difunto, maravilla, rosa de muertos o cempasúchitl), *Carica papaya* (papaya), *Citrus limón* (limón), *Curcuma longa* (azafrán de la India), *Cyclamen persicum y primula vulgaris* (violetas de los andes y primaveras), *Eupatorium brevipes*, *Gypsophila paniculata* (paniculata, velo de novia o gisófila), *Momordica charantia* (balsamina o sibicogén), *Passiflora edulis* (maracuyá o fruta de la pasión), *Pitthecellobium saman* (samán o árbol de lluvia).

En las pasadas décadas, se ha enfocado en la investigación y desarrollo de un inhibidor de la fertilidad masculina, que sea efectivo y seguro, que produzca azoospermia reversible, incluida la inducción de la infertilidad por supresión de la producción espermática por métodos hormonales y no hormonales (López *et al.*, 2005). Recientemente, en la regulación de la fertilidad se han utilizado productos derivados de plantas con baja toxicidad (Singh A y Singh SK, 2008). En estudios realizados en la semilla de soya, asociaron los compuestos Cenisteina, Dadzeina, 17β-Estradiol y Diethylstilbestrol con la modificación de los mecanismos de la biosíntesis y liberación de la hormona liberadora de la gonadotropina hipotalámica (GnRH) y sobre las gonadotropinas pituitarias LH y FSH que están asociadas con la fertilidad (Huang, 1999).

Estudios realizados en ganado vacuno, han demostrado que la incorporación de *Cynodon dactylon* (Pasto Bermuda) en la dieta, lleva a una disminución de la taza de reproducción (Banta *et al.*, 2008). Por otro lado, estudios etnobotánicos realizados en México y en la zona mediterránea de Europa, reportan el uso tradicional de *Ceterach officinarum* (Doradilla), como método de anticoncepción, sin que este haya sido probado completamente (Guarrera, 2008; Marquez *et al.,* 1999). Lo mismo se puede decir de los estudios con extracto de *Lippia graveolens* (orégano), el cual se conoce que puede llegar a ser toxico en altas dosis y la creencia tradicional de que ingerido en tè tiene efectos sobre la reproducción (Longe, 2005). Existe evidencia empírica de que comunidades en el Estado de Durango utilizan *Tagetes lucida* (yerbanís) y *Opuntia ficus-indica* (nopal), como métodos de control reproductivo. De acuerdo a lo anterior, existe evidencia de las propiedades anticonceptivas de estas plantas, aunque ninguna ha sido comprobada científicamente (González *et al.*, 2004).

Referencias

Álvarez-Gómez A. M., Cardona-Maya W. D., Castro-Alvarez J. F. Jimenez S., Cadavid A. Nuevas opciones en anticoncepción: posible uso espermicida de plantas colombianas. ACTAS UROLÓGICAS ESPAÑOLAS. 2007; 31(4):372-381.

Amory JK, Page ST, Bremner WJ. Drug Insight: recent advances in male hormonal contraception. Nat Clin Pract Endocrinol Metabol. 2006; 2(1):32-41.

Amory JK. Progress and prospects in male hormonal contraception. Curr. Opin. Endocrinol. Diabetes Obes. 2008; 15(3):255–60.

Bajaj VK, Gupta RS. Fertility suppression in male albino rats by administration of methanolic extract of Opuntia dillenii. J of andrology. 2011; 44(1):1-8.

Banta, J. P., D. L. Lalman, C. R. Krehbiel, and R. P. Wettemann. Whole soybean supplementation and cow age class: Effects on intake, digestion, performance, and reproduction of beef cows. J. Anim. Sci. 2008; 86:1-11.

Bhatt N, Chaela SL, Rao MV. Contraceptive evaluation of seed extract of Abrus precatorius (L.) in male mice (MUS MUSCULUS). J.Herb.Med. Toxicol. 2007; 1(1): 47-50

Gonzalez Elizondo M, López Enriquez I.,Gonzalez Elizondo M. Tena Flores J. Plantas Medicinales del Estado de Durango y Zonas Aledañas, CIIDIR Durango. Instituto Politécnico Nacional. Mexico, D.F. 2004; 41

Gopalkrishnan B, Shimpi SN. Antifertility effect of Madhuca latifolia (ROXB.) macbride seed extract. IJABPT. 2011; 2(4):50-3.

Guarrera, P.M., Lucchese, F., Medori, S. Ethophytherapeutical research high Molise region central-southern Italy. J. Ethnobiol Ethnomed. 2008; 4(7): 1-11.

Huang KC. The pharmacology of Chinese herbs. Second edition. CRC. USA. 1999.; pp 327-328.

Khillare B., Shrivastav T.G. Spermicidal activity of Azadirachta indica (neem) leaf extract. Elsevier Inc. 2003; 68: 225–229.

Longe, J.L. The Gale Encyclopedia of Alternative Medicine. Farmington Hills, MI: Thompson-Gale. 2005.

Lopez L.M., Grimes D.A., Schultz K.F. Nonhormonal Drugs for Contraception in Men: A Systematic Review. Obstetrical and Gynecological Survey. 2005; Vol. 60 Number 11

Mali PC, Ansari AS, Chaturvedi M. Antifertility effect of chronically administered Martynia annua root extract on male rats. J of Ethnopharmacology. 2002; 82:61-7.

Márquez, A. C.; F. Lara O.; B. Esquivel R. y R. Mata E. Plantas medicinales de México II. Composición, usos y actividad biológica. Universidad Nacional Autónoma de México. México, D. F. 1999.

Shakti N. Upadhyay, Suman Dhawan and G. P. Talwar. Antifertility Effects of Neem (Azarichata indica) Oil in Male Rats by Single Intra-Vas Administration: An Alternate Approach to Vasectomy. Journal of Andrology. 1993; 14; 275-281.

Singh A., Singh S.K. Reversible antifertility effect of aqueous leaf extract of Allamanda cathartica L. in male laboratory mice. Journal of Andrology. 2008; 40, 337–345.

Talwar, G.P., Raghuvanshi, P., Misra, R., Mukherjee, S., Poonam, R., Shah, S. Plant immunomodulators for termination of unwanted pregnancy and for contraception and reproductive health. Immunology and Cell Biology. 1997; 75: 190-192.

Universidad Nacional Autónoma de México. Biblioteca Digital de la Medicina Tradicional Mexicana. 2009. http://www.medicinatradicionalmexicana.unam.mx/termino.php?1=&t=anticonceptivo&id=161 1. Acceso 21 de marzo de 2013.

Capitulo IV

Nuevas fuentes de antibióticos

Sigfredo Esparza González

Los antibióticos son compuestos químicos relativamente sencillos, producidos por bacterias, hongos o derivados sintéticos de éstos que atacan e impiden el crecimiento de las bacterias. Se utilizan para tratar infecciones producidas por gérmenes. En general, los antibióticos contribuyen con las defensas de un individuo hasta que sus respuestas sean suficientes para controlar la infección. Desde el descubrimiento de la penicilina, se han descubierto una docena de nuevos tipos de antibióticos y optimizado o sintetizado cerca de cien. En la actualidad se llama antibiótico a los antimicrobianos sintéticos o quimioterapéuticos, antimicrobianos como las quinolonas, sulfamidas y otros agentes antimicrobianos derivados de productos naturales (Daniel Pichl y Norma Escalante, 2012).

La emergencia de bacterias resistentes a los antibióticos ha ido paralela a la incorporación de los mismos al arsenal terapéutico. La industria farmacéutica fue modificando la estructura química de las moléculas de antibióticos ya conocidos y buscó, asimismo, nuevos antibióticos que fuesen esquivando los mecanismos de resistencia adquiridos por las bacterias. Sin embargo, aunque estas nuevas moléculas fueron eficaces durante unos años, las bacterias de nuevo desarrollaban nuevos mecanismos que incluían la resistencia a estos nuevos antibióticos. Ha existido durante décadas una verdadera batalla entre los investigadores y la industria farmacéutica en su deseo de buscar nuevas moléculas activas frente a las bacterias y las propias bacterias, en su afán por defenderse de la agresión de estas moléculas que ponían en peligro su supervivencia. Esta "batalla" la han ganado casi siempre las bacterias. La resistencia a los antibióticos es un extraordinario modelo de evolución biológica y en el apartado siguiente se analizarán las distintas estrategias que disponen las bacterias para hacerse resistentes a estos fármacos (Torres Manrique C. 2012).

La multirresistencia de algunas bacterias patógenas para el hombre lo motivan a buscar nuevas sustancias que tengan actividad antibacteriana y las fuentes más prometedoras pueden ser los productos naturales.

Una razón para la crisis corriente en el desarrollo de antibióticos y la lenta recuperación de lo invertido, lo cual es intrínseco para desarrollar drogas contra las infecciones. A pesar de esto, pequeñas compañías farmacéuticas están intentando direccionar la necesidad médica por nuevos antibióticos. Los productos naturales han jugado un gran rol en el descubrimiento de antibióticos desde 1941 cuando la penicilina fue introducida al mercado y actualmente los productos naturales están de nuevo siendo una fuente importante de drogas candidatas prometedoras (Luzhetskyy A, et al 2007).

Los productos naturales y sus derivados han sido una fuente rica para descubrir nuevas drogas. Sin embargo, los productos naturales no son drogas. Ellos se producen en la naturaleza y a través de ensayos biológicos fueron identificados como precursores, lo cual los hace candidatos para el desarrollo de drogas. Más del 60 % de las drogas que están en el mercado derivan de fuentes naturales. Durante las dos últimas décadas, investigación dirigida a la explotación de productos naturales como recurso ha disminuido seriamente. Esto es debido en parte al desarrollo de nuevas tecnologías tales como química combinacional, metagenomica y   proyección de alto rendimiento. Sin embargo, las nuevas drogas descubiertas no cumplen con las expectativas iniciales. Esto lleva a un renovado interés por los productos naturales, determinado por la urgente necesidad de nuevas drogas. En particular las que puedan luchar contra las infecciones causadas por patógenos multiresistentes. (Molinari G, 2009).

Los enormes cambios planteados por la resistencia a los antibióticos serán buenos para el descubrimiento y desarrollo de una nueva oleada de drogas antibacterianas. Los productos naturales han sido el sostén principal de drogas anti-infectivas descubiertas desde los primeros días de la era de los antibióticos, pero la explotación de fuentes de recursos valiosos ha sido al menos abandonado por la mayoría de los farmacéuticos en favor de la síntesis química. La investigación de la presencia natural de agentes antibacterianos puede continuar en lo académico, pero las actividades necesarias para ser reposicionado para tomar ventaja de los avances sobresalientes en genómica y en ingeniería genética (Taylor Pete W, 2013)

Componentes biológicamente activos de la leche materna

Baró I et al (2001) en su revisión de los componentes biológicamente activos de la leche materna cita las investigaciones donde se considera a uno de los componentes de este fluido biológico, con actividad antibiótica. Se han sugerido diversos mecanismos responsables de la actividad antimicrobiana de la lactoferrina (Naidu et al, 1997). Debido a su alta afinidad sobre el hierro, actuaría secuestrando al mismo impidiendo su utilización por las bacterias y por tanto inhibiendo su multiplicación. Mediante producción de alteraciones en la membrana bacteriana que conducirían a pérdida de su integridad y muerte de las bacterias. Se ha demostrado que la lactoferrina podría liberar lipopolisacáridos de las membranas celulares de las bacterias Gran (-), y también, podrían unirse a un grupo de moléculas llamadas porinas induciendo cambios en la permeabilidad de la membrana. Mediante estimulación de la fagocitosis por macrófagos y monocitos. Esta capacidad antimicrobiana no es exclusiva de la lactoferrina integra, sino que se ha demostrado la existencia de derivados procedentes de la digestión de la misma con dicha capacidad. Kuwata et al (1998), evidencian la generación de péptidos antimicrobianos (lactoferricina) resultantes de la digestión de la ingesta oral de lactoferrina bovina.

La obtención de nuevos agentes antimicrobianos de origen vegetal

En la revisión realizada por Serge Ankri y David Mirelman (1999) sobre las propiedades antimicrobianas del Allicin del ajo, manifiesta la inquietud de encontrar nuevos compuesto con actividad antimicrobiana y cita a los siguientes investigadores: En 1944 Cavallito y colaboradores, aislaron e identificaron los componentes responsables de la actividad antibacteriana, tan sobresaliente, del ajo. Al compuesto lo denominaron Allicin derivado del nombre científico del ajo, *Allium sativum*. Las propiedades antibacterianas del ajo prensado eran conocidas desde hace tiempo. Varias preparaciones demostraron una amplio espectro de inhibición de la actividad bacteriana, contra bacterias Gram (+) y (-) incluyendo especies de *Escherichia, Salmonella, Staphylococcus, Streptococcus, Klebsiella, Proteus, Bacillus, and Clostridium.* Incluso bacterias tales como *Mycobacterium tuberculosis* son sensibles al ajo (Uchida Y, et al 1975). Extractos de ajo son también efectivas contra *Helicobacter pylori*, agente causal de ulcera gástrica (Cellini L., et al 1996). Así como también previene la formación de enterotoxinas A, B y C1, así como termonucleasa (Gonzalez-Fandos E, et al 1994).

La acción bacteriostática del te preparado es conocida desde tiempos antiguos, principalmente sobre bases folklóricas. Sobre los últimos 20 años, como un resultado de la introducción de técnicas de aislamiento por Cromatografía de líquidos de alta resolución (HPLC) a hecho posible el fraccionamiento y la purificación de componentes de solidos solubles del té, particularmente los de naturaleza polifenólica. Catequinas crudas del té verde, teoflavinas del té negro y los componentes individuales del mismo que fueron obtenidos, fueron probados *in vitro* sobre varias especies bacterianas. Como resultado, el potencial bactericida/bacteriostático de la infusión del te fue adscrito para estos compuestos polifenolicos en el té. Sin embargo, experimentos no detallados han sido conducidos sobre el efecto bacteriostático de los polifenoles del té en cohortes humanos. Por el uso oral de catequinas crudas del té como vehiculo para humanos, han sido intentados para suprimir al *Helicobacter pylori* , una bacteria que vive en la mucosa gástrica y es asociada con gastritis y formación de ulceras. La influencia de las catequinas sobre la microflora intestinal y el resultado de las condiciones fecales fueron probadas en humanos por administración de catequinas del té para pacientes postrados quien estaban todos recibiendo alimentación liquida (Yukihiko Hara, 2000).

Avato P y colaboradores, en el 2000, estudiaron al disulfuro de dialilo y trisulfuro de dialilo, constituyentes volátiles del aceite de ajo como agentes antimicrobianos contra un numero de levaduras (*C. albicans, C. tropicalis y B. capitatus*), bacterias Gram (+) (*S. aureus y B. subtilis*) y bacterias Gram (-) (*P. aeruginosa y E. coli*). Los resultados indicaron que tienen una acción antifunigica que antibacteriana y que el disulfuro de dialilo es mucho más activo.

Tsao y Yin en el 2001, realizan estudios in vitro del aceite de ajo contra la *Pseudomonas aeruginosa y Klebsiella pneumoniae*. En el 2003 evalúan el efecto del extracto de ajo y sulfuros de dialilo para inhibir la infección por *Staphylococcus aureus* resistente a meticilina en ratones BALB/cA . En 2007 determina el efecto inhibitorio de dos compuestos sulfurados de dialilo derivados del ajo, en la infección por *Staphylococcus aureus* resistente a meticilina en ratones diabéticos.

Se evaluaron las propiedades antibióticas de *Allium sativum* (dientes de ajo) y Zingber officinale (rizomas de jengibre), contra patógenos clínicos multirresistentes causantes de infecciones nosocomiales. Se preparó un extracto etanolico al 95 % (v/v). Y a este extracto se le determino la actividad antimicrobiana contra cinco Gram negativoy dos Gram positivo. Todas las bacterias aisladas fueron sensibles al extracto crudo de ambas plantas. Excepto *Enterobacter spp. y Klebsiella spp.* Una alta zona de inhibición se encontró del extracto de ajo contra *Pseudomona aeruginosa* (Karuppiah P, S. Rajaram ,2012). Gull I y colaboradores (2012) también estudiaron el potencial antimicrobiano del ajo y el jengibre contra ocho bacterias clínicas. Ellos trabajaron con tres tipos de extractos: acuoso, metanolico y etanolico. Fueron probados individualmente contra bacterias resistentes *Escherichia coli, Pseudomona aeruginosa, Bacillus subtilis, Staphylococcus aureus, Klebsiella pneumoniae, Shigella sonnei, Staphylococcus epidermidis y Salmonella typhi.* Todas las bacterias presentaron sensibilidad al extracto acuoso del ajo y una pobre sensibilidad al extracto acuoso de jengibre.

Se estudió la actividad antibacteriana in vitro del aceite esencial de bulbos frescos de ajo *Allium sativum* L y puerro *Allium porrum* L (Alliaceae). El aceite esencial de A. sativum presento una buena actividad antimicrobiana contra *Staphylococcus aureus, Pseudomona aeruginosa y Escherichia coli,* mientras que el aceite esencial de A. porrum no tiene actividad antimicrobiana. Los principales constituyentes de aceite de ajo son: monosulfuro, disulfuro, trisulfuro y tetrasulfuro de dialilo. En el aceite de puerro se determinaron disulfuro, trisulfuro y tetrasulfuro de dipropil. Las propiedades antimicrobanas de estas substancias también se determinaron. Los resultados obtenidos sugieren que la presencia del grupo alilo es fundamental para la actividad antimicrobiana de estos derivados sulfurados cuando ellos están presentes en *Allium* u otras especies Casella S, et al 2013).

En este trabajo se evaluó la eficiencia antibacteriana de un extracto etanólico de *Rosmarinus officinalis L.* que contiene altas concentraciones de polifenoles antioxidantes, en dos modelos de infección en piel de ratón: superficial y subcutáneo contra la bacteria patógena *Staphylococcus aureus*. Los resultados obtenidos muestran que el extracto de romero que contiene 2,3% de polifenoles bioactivos presentó una acción bacteriostática contra *S. aureus* sobre la piel del ratón, mientras que ensayando una doble concentración de polifenoles bioactivos (4,6%) se observó una inhibición total del crecimiento bacteriano. En los dos modelos de infección experimentados se observaron efectos similares. Los datos obtenidos también demuestran que la eficacia antibacteriana del extracto de romero es comparable con la acción del antibiótico comercial ácido fusídico. Los resultados indican que los polifenoles bioactivos del romero, dependiendo de su concentración, pueden ejercer *in vivo* acciones bacteriostáticas y bactericidas contra *S. aureus*. (Barni MV, et al 2009).

La obtención de nuevos agentes antimicrobianos de origen marino.

En las últimas décadas, la química de productos naturales de origen marino ha sido objeto de intensas investigaciones que han permitido descubrir nuevas sustancias con propiedades farmacológicas y medicinales. En Venezuela, se realizó una investigación con la finalidad de detectar propiedades bioactivas (hemaglutinantes, hemolisantes y antibacterianas) en extractos acuosos de 12 especies de algas marinas pertenecientes a las familias *Chlorophyceae, Rhodophyceae y Phaeophyceae* colectadas en cuatro localidades de la costa nororiental de Venezuela. La actividad hemaglutinante y hemolisante se determinó utilizando muestras de sangre humana (A, B y O) . La actividad antibiótica de los extractos se evaluó mediante la aparición de halos de inhibición por medio de la técnica del disco-agar contra bacterias Gram (+) y Gram (-). De las 12 especies de algas analizadas, cuatro mostraron actividad hemaglutinante correspondientes a las especies: *Derbesia vaucheriaeformis, Halimeda opuntia, Ulva fasciata (Chlorophyceae)* e *Hypnea musciformis (Rhodophyceae),* mientras que la actividad antibacteriana resultó positiva para 5 de los 12 extractos probados contra uno o más organismos indicadores de prueba; siendo las especies de *Rhodophycea* las que mostraron el mayor número de actividad. Sin embargo, no se evidenció ningún tipo de actividad para las especies de *Phaeophycea*, pudiendo concluir que la actividad exhibida por los extractos probablemente se deba a la presencia de aglutininas tipo lectinas que son proteínas de origen no inmune capaces de aglutinar una variedad de células y bacterias (Charzeddine L & Milagros Fariñas 2001).

De los productos naturales bioactivos de origen marino en el período 1965-2003, la fuente más importante provino de esponjas (31%) y corales (24%), seguidos por microorganismos (15%), ascidias (6%), moluscos (6%), algas marrones (5%), algas rojas (4%), algas verdes (1%) y otros (8%) (Blunt, et al 2005 y 2008).

En este trabajo se evaluaron las propiedades bioactivas antibacterianas y antimicóticas de 33 extractos (etanol, diclorometano, hexano) obtenidos de 11 especies de algas marinas recolectadas en las localidades de San Juan de Los Cayos y Chichiriviche, Estado Falcón, Venezuela. La actividad antibiótica y antimicótica de los extractos se evaluó mediante la aparición de halos de inhibición contra bacterias Gram positivas (*Staphylococcus* aureus), Gram negativas (*Pseudomona aeruginosa, Klebsiella pneumoniae, Escherichia coli*) y el hongo *Candida albicans*. De los 33 extractos ensayados sólo 17 presentaron actividad antibacteriana (5 con etanol, 6 con diclorometano y 6 con hexano), resultando activos 14 frente a las especies Gram(-) y 4 contra la especie Gram(+). Las especies algales que mostraron actividad antibacteriana fueron: *Acanthophora sp., Bryothamnion triquetrum, Gracilaria sp., Gelidium sp., Caulerpa mexicana, Caulerpa sp., Caulerpa spp., Halimeda incrassata, Ulva sp., Codium decorticatum, Sargassum sp.* Ninguno de los extractos de algas ensayados presentó actividad antimicótica sobre *Candida albicans*. Los resultados obtenidos permiten concluir que las algas de la costa occidental de Venezuela, presentan compuestos bioactivos con actividad antibacteriana (Nurby Ríos, et al 2009).

Dada la importancia biotecnológica y ecológica que puedan poseer los microorganismos marinos de la costa peruana, se realizó un estudio prospectivo con el objetivo principal de realizar un tamizaje de las bacterias heterotróficas productoras de sustancias antibacterianas a partir de diversos invertebrados intermareales representativos colectados en una zona costera previamente fijada como lugar de muestreo.(León J, et al 2010)

Los hongos marinos se han convertido en una fuente importante de metabolitos farmacológicamente activos. Los extractos en acetato de etilo de los hongos marinos *Fusarium camptoceras y Aspergillus flocculosus* fueron evaluados para determinar su actividad antibacteriana, antifúngica, fototóxica y tóxica contra *Artemia franciscana*. Los hongos fueron cultivados bajo condiciones estáticas en agar CYA durante 14 días a 27 °C, y luego extraídos en acetato de etilo por siete días. Los extractos de ambas especies fúngicas mostraron una importante actividad antibacteriana contra bacterias Gram positivas y Gram negativas, con halos de inhibición que alcanzaron los 30 mm de diámetro (Acosta M, et al 2011).

La obtención de nuevos agentes antimicrobianos de los insectos

Los péptidos antimicrobianos son parte del armamento que los insectos desarrollaron para luchar contra los patógenos. Los péptidos son típicamente catiónicos y a menudo hechos de menos de 100 aminoácidos. Aunque sus estructuras son diversas, la mayoría de los péptidos, la mayoría puede ser asignada a un número limitado de familias. Las estructuras más comunes son representados por péptidos asumiendo una estructura α-helicoidal, conformación en solución orgánica o estabilizado en disulfuro β-hojas con o sin dominio de α-helicoidal presente. El espectro de diversa actividad de estos péptidos pueden indicar diferentes modos de acción. Análisis genéticos en el modelo de Drosophila demuestran que múltiples señales de vías de transducción son activadas por genes que codifican estos péptidos (Bulet, et al 2005) .

Recientemente se publicaron resultados preliminares (Ehrenberg, Rachel, Octubre 2010) sobre hallazgos de sustancias naturales que podrían ser las bases para generar nuevos antibióticos, entre ellas las provenientes de las cucarachas *Periplaneta americana* y las langostas, y de otros organismos como algunos tipos de ranas. La revista Science News del pasado mes de octubre menciona que en una reunión sobre microbiología en la Universidad de Nottingham en Inglaterra, unos investigadores reportaron que en sus experimentos lograron matar con extractos de cerebros y tejidos nerviosos de las cucarachas mencionadas y de las langostas (*Schistocerca gregaria*), a más del 90% de las bacterias resistentes a *Escherichia coli*, causante de meningitis, a *Staphylococus aureus*, la bacteria causante de una gran variedad de padecimientos que inclusive pueden ser mortales, así como a *Acinetobacter, a Pseudomonas y a Burkholderia*, estas últimas se reproducen a gran escala en los hospitales. (Cruz Wilson L, 2010)

Hoy día hay muchas y muy diversas investigaciones para ¿cazar? moléculas que tengan las aplicaciones que han dejado de tener los antibióticos utilizados hasta ahora. Por ejemplo, otro grupo de científicos de la Universidad de Maryland trabajan con las secreciones de la piel de más de 6,000 especies de ranas en busca de actividad antibiótica en ellas (Physical Biology, agosto de 2010) y ya han identificado varias enzimas líticas para eliminar bacterias específicas. (Cruz Wilson L, 2010)

De acuerdo a la revisión bibliográfica realizada por Ravi et al., en el 2011 Las bacterias son excepcionalmente adaptables adquiriendo resistencia a los antibióticos y agentes antisépticos, por lo tanto nuevos antibióticos y estrategias son necesarias para cambiar este nuevo teatro. Varios autores han reportado el efecto inhibitorio de péptidos antimicrobianos de origen animal sobre bacterias e investigan sobre el papel de los péptidos antimicrobianos de insectos. Diferentes tipos de antimicrobianos se han reportado, entre los que se pueden mencionar: **Cecropins**, polipeptidos originalmente encontrados en la polilla cecropia, *Hyalophora cecropia* (Steiner et al., 1981). Se les ha encontrado en otras especies de insectos lepidopteran and dipteran y en gusanos de seda domesticados, *Bombyx mori*, las cecropins son clasificadas en tres tipos A, B y D. Cecropins contiene dos hélices alfa la cual actúa sobre bacterias Gram negativas más efectivamente (Taniani et al,. 1995; Yamano et al., 1998; Yang et al., 1999). **Defensinas** son altamente efectivas contra bacterias Gram positivas (Hetru et al., 2003), son aisladas de varios ordenes de insectos tales como dipteran, hymenopteran, hemipteran, coleopteran, trichopteran y odonata (Hoffmann y Hetru 1992; Cociancich et al., 1994) **Attacin** es activo contra bacterias Gram negativas por inhibición de la parte externa de la membrana proteica mientras moricin incrementa la permeabilidad de su membrana, de este modo mata las bacterias Gram positivas y negativas (Sugiyama et al.,

1995; Hara et al., 1995) Varios otros factores antibacterianos han sido reportados de B. mori incluyendo **Lysozyma** y dos lectinas (Yamakawa and Tanaka 1999).

Los extractos acuosos y etanólicos del propóleo tienen actividad antibacteriana. Esta actividad depende de la procedencia de los propóleos, del tipo de solvente empleado en su extracción y de la especie bacteriana sobre las cual se usan los extractos. Los extractos etanólicos tienen una mayor actividad antibacteriana en comparación con los extractos acuosos, siendo las bacterias Gram positivas más susceptibles que las bacterias Gram negativas, a los extractos etanólicos del propóleo (Carrillo ML, et al 2011).

Compuestos bioactivos del huevo

Entre los compuestos bioactivos del huevo, destacan las proteínas con actividad antimicrobiana, que forman parte del sistema de defensa que protege al embrión de la invasión y multiplicación de microorganismos. Entre ellas, la lisozima, presente en la clara de huevo, resalta por su multifuncionalidad, ya que posee actividad antibacteriana, antiviral, anticancerígena e inmuno-modulante (López Fandiño R, 2014).

Referencias

Acosta Mercedes, Miguel Guevara y Óscar Crescente (2011) Actividad biológica de extractos en acetato de etilo de los hongos Fusarium camptoceras wollenw y reinking y Aspergillus flocculosus frisvad y samson, aislados de ambientes marinos Instituto de Investigaciones Marinas y Costeras Santa Martha Colombia

Allen, M. & E. Dawson. (1960). Production of antibacterial substances by benthic tropical marine algae. J. Bacteriol. 79: 454-460.

Avato P, Tursil E, Vitali C, Miccolis V, Candido V (2000) Allylsulfide constituents of garlic volatile oil as antimicrobial agents. Phytomedice. Jun;7(3):239-43.

Barni Maria V, Adriana Fontanals y Silvia Moreno (2009) Estudio de la eficacia antibiótica de un extracto etanólico de Rosmarinus officinalis L. contra Staphylococcus aureus en dos modelos de infección en piel de ratón Boletín Latinoamericano y del Caribe de Plantas Medicinales y Aromáticas, 8 (3), 219 – 223

Baró I, Jiménez j, Martínez-Férez a, Boza jj. Componentes biológicamente activos de la leche materna Ars Pharmaceutica, 42:1; 21-38, 2001

Blunt JW, Copp BR, Munro MHG, Northcote PT, Prinsep MR. Marine natural products. Nat Prod Rep 2005; 22 (1): 15-61.

Blunt JW, Copp BR, Hu WP, Munro MHG, Northcote PT, Prinsep MR. Marine natural products. Nat Prod Rep 2008; 25 (1): 35-94.

Bulet, Philippe; Stocklin, Reto (2005) Insect Antimicrobial Peptides: Structures, Properties and Gene Regulation Protein and Peptide Letters , Volume 12, Number 1, January, pp. 3-11(9)

Burkholder, P., L. Burkholder & L. Almodovar. 1960. Antibiotic activity of some marine algae of Puerto Rico. Bot. Mar. 11(1&2): 325-342.

Cavallito C., Bailey J.H., (1944) *Allicin, the antibacterial principle of Allium sativum. Isolation, physical properties and antibacterial action*, J. Am. Chem. Soc. 66 1944–1952.

Carrillo Maria L, Laura N Castillo y Rosalba Mauricio (2011) Evaluación de la actividad antimicrobiana de extractos de propóleos de la Huasteca Potosina (México) Información Tecnologica Vol 22 (5), 21-28

Casella S, M Leonardi, Melai B, Fratini F, Pistelli L. - El papel de los sulfuros de dialilo y sulfuros dipropil en la actividad antimicrobiana in vitro del aceite esencial de ajo, Allium sativum L., y el puerro, Allium porrum L. Phytother Res - 2013 Mar, 27 (3): 380-3.

Cellini L., Di Campli E., Masulli M., Di Bartolomeo S., Allocati N.,(1996) Inhibition of Helicobacter pylori by garlic extract (Allium sativum), FEMS Immunol. Med. Micrbiol. 13 273–277.

Cruz Wilson Lucy, (2010) *De plagas a benefactoras La vida en la tierra* cienciorama. unam.mx

Charzeddine L & Milagros Fariñas (2001) Propiedades bioactivas de algas marinas del nororiente de venezuela

Daniel Pichl y Norma Escalante (2012) *Nuevo compuesto antibiótico* Dirección de prensa Universidad Nacional de la Patagonia San Juan Bosco Universidad Nacional de la Patagonia San Juan Bosco Facultad de Ciencias Naturales - Sede Comodoro Rivadavia 23 de Abril Argentina Investiga Divulgación y Noticias universitarias

Ehrenberg, Rachel, (2010) *¿Cockroach brains can kill bacteria?*, Science News, 9 de Octubre.

Erdogrul OT: *Antibacterial activities of some plant extracts used in folk medicine*. Pharm Biol 2002, 40:269–273.

Fu YJ, Zu YG, Chen LY, Shi XHG, Wang Z, Sun S, Efferth T: *Antimicrobial Activity of clove and rosemary essential oils alone and in combination*. Phytother Res 2007, 21:989–999.

Gonzalez-Fandos E., Garcia-Lopez M.L., Sierra M.L., Otero A., (1994) *Staphylococcal growth and enterotoxins (A-D) and thermonuclease synthesis in the presence of dehydrated garlic,* J. Appl. Bacteriol. 77 (1994) 549–552.

Gull I, Saeed M, Shaukat H, Aslam SM, Samra ZQ, Athar AM. (2012) *Efecto inhibidor de Allium sativum y Zingiber officinale extrae en clínicamente importantes bacterias patógenas resistentes a los medicamentos* Ann Clin Microbiol Antimicrob. 27 de abril

Karuppiah P, S. Rajaram (2012) *Efecto antibacteriano del diente* del Allium sativum y Zingiber *officinale rizomas contra patógenos clínicos resistentes a múltiples fármacos* Asian Pac J Trop Biomed. 2012 Aug; 2 (8) :597-601.

León Jorge, Libia Liza, Isela Soto, Magali Torres, Andrés Orosco (2010) *Bacterias marinas productoras de compuestos antibacterianos aisladas a partir de invertebrados* intermareales Rev Peru Med Exp Salud Publica.; 27(2): 215-21.

Li JW, Vederas JC (2009) *Drug discovery and natural products: end of an era or an endless frontier?* Science. Jul 10;325(5937):161-5.

López Fandiño Rosina (2014) Conferencia impartida en las Jornadas Profesionales de Avicultura www.Avicultura.com

Lzhuetskyy A, Pelzer S, Bechthold A. (2007) *The future of natural products as a source of new antibiotics*. Curr Opin Investig Drugs. Aug;8(8):608-13.

Molinari G. (2009) *Natural products in drug discovery: present status and perspectives*. Adv Exp Med Biol. 2009;655:13-27

Nurby Ríos, Gerardo Medina, José Jiménez, Carlos Yánez, Maria Y. García, Maria L. Di Bernardo, Maria Gualtieri (2009*) Actividad antibacteriana y antifúngica de extractos de algas marinas venezolanas* Rev. peru. biol. 16(1): 097- 100 Agosto

Ravi, C., Jeyashree, A. and Renuka Devi, K. (2011) *Antimicrobial Peptides from Insects: An Overview* Research in Biotechnology, 2(5): 01-07

de extractos de algas marinas venezolanas Rev. peru. biol. 16(1): 097- 100 Agosto

Ravi, C., Jeyashree, A. and Renuka Devi, K. (2011) *Antimicrobial Peptides from Insects: An Overview* Research in Biotechnology, 2(5): 01-07

Serge Ankri y David Mirelman (1999) *Antimicrobial properties of allicin from garlic* Microbes and Infection, 2, 125–129

Steiner, H., Hultmark, D., Engstrom, A.,Bennich, H. and Boman, H.G. 1981. Nature 292, 246 – 248.

Taylor Pete W, 2013 *Alternative natural sources for a new generation of antibacterial agents* International Journal of Antimicrobial Agents 42, 195– 201

Torres Manrique C. (2012) *La resistencia bacteriana a los antibióticos, siete décadas después de Fleming* Recepciòn Académica el día 31 de Octubre

 Tsao S y Yin M. (2001) *Klebsiella In vitro activity garlic oil and four diallyl sulphides against antibiotic-resistant Pseudomonas aeruginosa and pneumoniae of.* J Antimicrob Chemother. May;47(5):665-70.

Tsao SM, Hsu CC, Yin MC (2003) *Garlic extract diallyl sulphides inhibit methicillin-resistant Staphylococcus aureus infection in BALB/cA mice and two* J. Antimicrob Chemother. Dec; 52(6):974-80.

Tsao SM, Liu WH, Yin MC (2007) *Two diallyl sulphides derived from garlic inhibit meticillin-resistant Staphylococcus aureus infection in diabetic mice.* J Med Microbiol. Jun;56 (Pt 6):803-8.

Uchida Y., 638–642.Takahashi T., Sato N (1975) *The characteristics of the antibacterial activity of garlic, Jpn J.* Antibiotics 28 Uchida Y., 638–642.Takahashi T., Sato N (1975) *The characteristics of the antibacterial activity of garlic, Jpn J.* Antibiotics 28

Yamano, Y., Matsumoto, M., Sasahara, K., Sakamoto, E., and Morishima, I. (1998). *Structure of genes for cecropin A and an inducible nuclear protein that binds to the promoter region of the genes from the silkworm, Bombyx mori*, Biosci. Biotechnol. Biochem., 62: 237 – 241.

Yang, J. et al., (1999) cDNA *cloning and gene expression of cecropin D, anantibacterial protein in the silkworm, Bombyx mori,* Comp. Biochem. Physiol. B Biochem. Mol. Biol. 122: 409–414.

Yukihiko Hara (2000) Capitulo 19 *Antibacterial Actions of Tea Polyphenols and Their Practical Applications in Humans* Phytochemicals and Phytopharmaceuticals Editors Fereidoon Shahidi Chi-Tand Ho AOCS Press

Capitulo V

Entomología y su aplicación en Medicina Tradicional

Ma. Guadalupe Ernestina González Yañez y Sigfredo Esparza González

Introducción

La entomología es una especialidad de la Zoología y es la ciencia que tiene como objetivo el estudio de todos los seres vivos conocidos como insectos y cuya característica es pertenecer a la clase *insecta* del *griego éntomos* (insecto) *y logos* (ciencia). La entomología estudia la morfología, biología, fisiología, bioquímica, normas de clasificación y factores que determinan zcambios en las poblaciones de los insectos. Los insectos conforman uno de los grupos evolutivos de gran éxito en nuestro planeta. Aparecieron hace 400 millones de años y se considera que han estado presentes antes de la aparición de los vertebrados y de los mamíferos por lo que es de suponerse que también sobrevivieron en la extinción de los dinosaurios (http://www.si.edu/Encyclopedia_SI/nmnh/buginfo/pheromones.htm)

Se ha estimado que el número total de especies que existen en el planeta es de 8.7 millones de acuerdo al censo más actual y solo se han identificado 1.3 millones de especies, lo que significa que aproximadamente el 86% de las especies terrestres y el 91% de las marinas aún no se han descubierto, según la explicación del reconocido Biólogo Colombiano Camilo Mora, profesor de la Universidad de Hawái en los E.U., en el 2011. Lo que representa una llamada de atención para la raza humana debido a que nuestro desarrollo depende casi exclusivamente de las especies, la comida, el aire que respiramos y el agua que tomamos. Sin embargo la actividad humana y su influencia en el medio ambiente tienen un impacto en la aceleración de la extinción de las especies. Dentro de la actividades más recientes del Programa de las Naciones Unidas

47

para el Medio Ambiente (PNUMA), la Comisión Oceanográfica Intergubernamental de la UNESCO, así como la ONU, en su resolución 57/141 ha realizado un llamado a los dirigentes de estado y gobierno de la Cumbre Mundial sobre el Desarrollo Sostenible para establecer un proceso de regulación para la presentación de informes y evaluaciones mundiales del estado del medio ambiente marino y terrestre. Lo anterior para reconocer la necesidad de generar conciencia pública. En este trabajo se analiza la perspectiva de utilizar esta inmensidad de recurso biológico como el beneficio de la población de forma tradicional (Camilo Mora et al, 2011; Biological Diversity Global, 2010; UNEP and IOC-UNESCO, 2009). En la Tabla 1. Muestra el grupo evolutivo de interés en este trabajo.

Clasificación taxonómica

Tabla 1. Los insectos se encuentran en el *Filo Arthropoda*

Taxonomía	
Dominio:	Eukarya
Reino:	*Animalia*
Subreino:	*Eumetazoa*
Superfilo:	*Ecdysozoa*
Filo:	*Arthropoda*
	Latreille, 1829
Subfilos	
Trilobitomorpha	
Chelicerata	
Crustacea	
Unirramia	
Hexapoda	

Los artrópodos (Arthropoda, del griego ἄρθρον, *árthron*, «articulación» y πούς, *poús*, «pie») constituyen el filo más numeroso y diverso del reino animal (Animalia). El término incluye animales invertebrados dotados de un esqueleto

48

externo y apéndices articulados; entre los que se encuentran los insectos, arácnidos, crustáceos y miriápodos.

Hay más de 1 200 000 especies descritas, en su mayoría insectos (un millón), que representan al menos el 80% de todas las especies animales conocidas. Varios grupos de artrópodos están perfectamente adaptados a la vida en el aire, igual que los *vertebrados amniotas*, a diferencia de todos los demás filos de animales, que son acuáticos o requieren ambientes húmedos. Su anatomía, su fisiología y su comportamiento revelan un diseño simple pero admirablemente eficaz (Chapman A.D. 2009; Brusca R.C. & Brusca G.J. 1990; Zhi-Qiang Zhang, 2011).

Los unirrámeos (*Uniramia*) son un subfilo de *Arthropoda* basado en la presunta relación de los onicóforos con los atelocerados (*miriápodos + hexápodos*) al presentar apéndices de una sola rama (es decir unirrámeos, de donde deriva su nombre), en contraposición de los *Schizoramia,* cuyos apéndices poseen dos ramas (es decir, birrámeos) A su vez, la hipótesis de *Uniramia* sostiene que su grupo hermano son los *anélidos*, con lo que los artrópodos aparecen como un grupo polifilético y consecuentemente desaparecen como filo y bajo este punto de vista los artrópodos se desmiembran en al menos dos filos, *Uniramia* y *Schizoramia,* y las similitudes entre ellos (apéndices, cutícula, tagmatización, entre otros) son debidas a convergencia evolutiva. Los *parápodos* de *lopoliquetos* habrían originado los *lobópodos* de los *onicóforos* y éstos los apéndices auténticos de los *Uniramia*. Tabla 2.

Tabla 2. Se muestra el cladograma con las presuntas relaciones entre los grupos mencionados (Tiegs, O. W. & Manton, S. M., 1958).

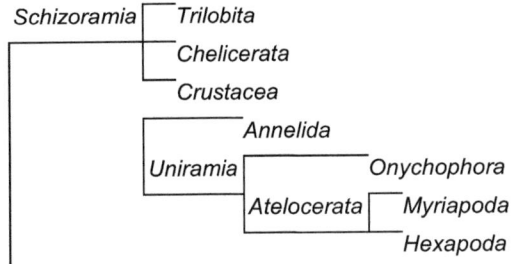

Los *hexápodos* (Hexapoda, griego. "seis patas") son un subfilo (o una superclase) de artrópodos, el que más especies agrupa, e incluye a los insectos (1 millón de especies), así como a varios grupos de artrópodos estrechamente relacionados con éstos, como los proturos, los dipluros y los colémbolos (unas 9.000 especies entre los tres).[2] Su nombre deriva del griego εξα, *hexa*, "seis", y πόδα, *poda*, "patas", y hace referencia a la más distintiva de sus características, la presencia de un tórax consolidado con tres pares de patas, una cantidad sensiblemente inferior a la de la mayoría de los artrópodos. Tabla 3.

Clasificación y filogenia

La filogenia y, consecuentemente la clasificación de los hexápodos ha sido y sigue siendo controvertida; el problema radica básicamente en la posición de los *dipluros*, ya que no parece haber dudas sobre la monofilia del clado Collembola+Protura (denominado a veces Ellipura).

Tabla 3. Muestra la taxonomía del Dominio *Eukariota* a clase *insecta* (Brusca, R. C. & Brusca, G. J., 2005; Chapman, A. D., 2009).

Taxonomía	
Dominio:	*Eukaryota*
Reino:	*Animalia*
Superfilo:	*Ecdysozoa*
Filo:	*Arthropoda*
Subfilo:	*Unirramia*
Superclase:	Hexapoda
	LATREILLE, 1825
Clases	
Insecta	
Diplura	
Superclase **Ellipura**:	
–**Collembola**	
–**Protura**	

Si se considera que los dipluros están más relacionados con colémbolos y proturos (cladograma A), aparece el clado Entognatha, que agruparía los hexápodos con piezas bucales parcialmente ocultas dentro la cápsula cefálica; su clado hermano sería Ectognatha, que incluye sólo a los insectos, con piezas bucales expuestas.

No obstante, hay evidencias (cercos filamentosos, ultraestructura de los espermatozoides) de que los dipluros pueden ser el grupo hermano de los insectos (cladograma B).[3] El clado se ha denominado Euentomata. El cladograma C sería una solución de compromiso entre los cladogramas A y B, hasta que se resuelvan las mencionadas incertidumbres. Tabla 4.

Tabla 4. Con los esquemas A, B, y C, muestran la filogenia de la clase *insecta* (Tree of Life, Hexapoda; Systema Naturae 2000).

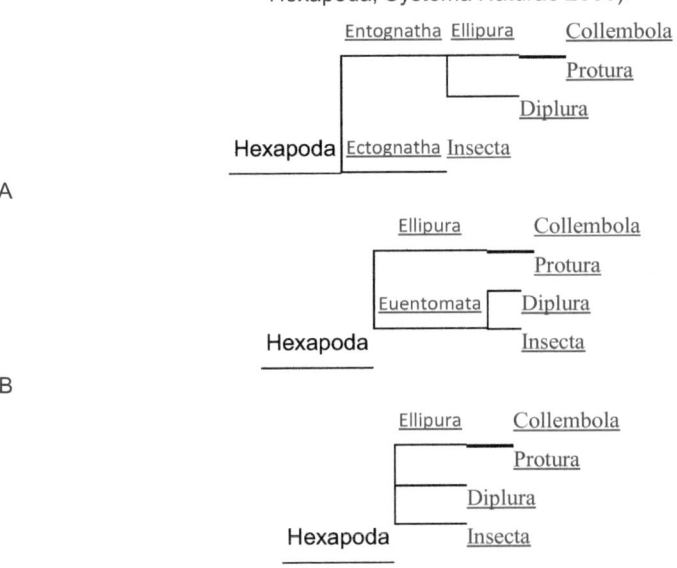

A

B

C

Dos posibles clasificaciones que se desprende del cladograma C son las siguientes:

Superclase Hexapoda
    Clase *Collembola*
    Clase *Protura*
    Clase *Diplura*
    Clase *Insecta*

Superclase Hexapoda
    Clase *Ellipura*
        Orden *Collembola*
        Orden *Protura*
    Clase *Diplura*
    Clase *Insecta*

De las 300 000 a 350 000 especies de insectos y arácnidos estimadas en México, cerca del 95% corresponden a insectos, sin embargo este número no es preciso.

Los insectos comprenden 34 grupos (órdenes) de los cuales la mayoría es poco conocida por la población en general. Se sabe que las comunidades de pueblos y ciudades están familiarizadas con la existencia de escarabajos, abejas y avispas, moscas, mosquitos y mariposas, cucarachas, azqueles y hormigas. Pero hay 29 órdenes que ni siquiera tienen nombre común en español, así lo demuestra los estudios realizados sobre la diversidad de insectos realizados en Yucatán –México.

Las especies que están bien documentadas son las de importancia económica como plagas agrícolas o de post-cosecha, los que afectan la salud pública y veterinaria por ser trasmisores de enfermedades, así que el resto de las órdenes son desconocidas.

En cuanto a la distribución natural de los grupos de insectos en el Continente Americano se sabe que son muy diversos en la zona ecuatorial y que esta diversidad se reduce en la medida en que se avanza hacia los polos. También se ha encontrado que al Norte del Continente existe una gran riqueza de ellos pero que estas especies ricas en el Norte disminuyen en los trópicos. Gracias a estos dos patrones de comportamiento hace que al sureste de México se encuentre una gran diversidad la cual es inferior a la que realmente existe ya que muchos grupos no son conocidos. Dentro de los estados de la República Mexicana se encuentra Yucatán, Campeche y Quintana Roo, como pioneros en la entomología. En la Tabla 5. Se muestra las especies de insectos de la Fauna Nacional .Mexicana y de los Estados de la Península de Yucatán

Tabla 5. Con los grupos de insectos y especies registradas y estimadas en México y en el mundo

Grupo de insectos (Órdenes)	Especies en México	% especies en el mundo	Especies registradas y [estimadas]		
			Campeche	Q. Roo	Yucatán
Avispas/ abejas (Hymenoptera)	6219 [11 000]	2.5 (250 000)	18 [1127]	163 [1057]	887 [1138]
Colémbolos (Collembola)	550	27.5 (2000)	6	8	32
Dipluros (Diplura)	48	6.9 (700)	0	0	2
Escarabajos (Coleopera)	13 508 [20 000]	3.7 (370 000)	300 [850]	248 [850]	417 [850]
Grillos/chapulines (Orthoptera)	920	4.1 (22 500)	14	18	27
Libélula (Odonata)	352	6.4 (5 500)	39	65	54
Mariposas y polillas (Lepidoptera)	40 000	33.3 (120 000)	195 [450]	125 [450]	277 [450]
Moscas, escorpión (Mecoptera)	9	1.8 (500)	0	0	1
Moscas y mosquitos (Diptera)	5 000 [25 000]	3.3 (150 000)	[1000]	100 [750]	480 [750]
Neurópteros (Neuróptera)	311	6.6 (4 700)	2	8	17
Piojos de los libros (Psocoptera)	642	6.6 (2 600)	25	33	43
Pulgas (Sifonaptera)	136	5.7 (2 400)	3	1	2
Termitas (Isoptera)	150	7.5 (2 000)	5	1 [4]	4
Tijerillas (Dermaptera)	51	4.6 (1 100)	0 [1]	0 [1]	1
Trips (Thysanoptera)	599	15.0 (4 000)	5	2	2
Pececitos de plata (Ziguentoma)	36	10.3 (350)	0 [1]	1	1 [2]
Tricóptero (Trichoptera)	325	3.3 (10 000)	[10]	[10]	[10]
Embióptero (Embioptera)	37	12.3 (300)	0	1	[1]
Moscas de las piedras (Plecoptera)	47	2.8 (1 700)	0 [1]	0 [1]	0 [1[
Total	69 163 [100 213]	7.4 (955 025) [10.49]	612 [3339]	773 [3260]	2247 [3387]

(Riqueza mundial entre paréntesis). Los datos de la tabla se obtuvieron de " Biodiversidad y desarrollo Humano en Yucatán" De Hugo Delfín y Col, apoyado en la compilación de datos editados por Llorente y col (1996;2000;2002;2004), Deloya (2002) Méndez y Equihua (2001); Rojas (2001), González- Soriano y Novelo-Gutiérrez (2007).
Duran R, y M. Méndez (Eds). 2010. Biodiversidad y Desarrollo Humano en Yucatán. CICY.PPD-FMAM.CONABIO.SEDUMA.496pp.

Los insectos y la alimentación en México

La definición de alimento de acuerdo al diccionario de la Lengua en Español lo define como una sustancia nutritiva que toma un organismo vivo para mantener sus funciones vitales. Y en nuestro país las culturas de Mesoamérica ya contaban con una dieta ideal. Se considera que los aztecas cuidaban tanto de la alimentación que alimentaban a sus enemigos para evitar el deshonor de pelear con personas débiles. Otras comunidades como los mexicas, los mayas, los mixtecos, y los zapotecos combinaban el maíz, el frijol y el amaranto con la ingesta de insectos, verduras, flores, algas y frutos los cuales consumían de manera hervida, cocida en hoyos en la tierra, tostados, asados, molidos y fermentados. Se considera que en el 3500 a.C., los pueblos mexicas al escasear la caza, apareció en la alimentación las semillas y en el siguiente milenio ya la variedad incluía especies de insectos y flores y a esto se debía la constitución física de sus cuerpos que eran esbeltos y sanos, datos aún más precisos sobre la alimentación se encuentran en el Códice Mendocino. Existen evidencias de testimonios precortesianos dónde se muestra la ingesta de flores e insectos en los antiguos mexicas por lo que se considera que desde hace miles de años en diferentes épocas y distintos grupos los insectos y las flores han formado y siguen formando parte de los patrones de alimentación (García, H. 1988).

Dentro de los insectos que se comen en el mundo están: las abejas de Ceylan, las hormigas mieleras en E.U., los grillos e insectos acuáticos en Thailandia, hormigas en Francia, larvas y mariposas en Rhodesia, termitas y langostas en África y Asia, escarabajos en Egipto. El resurgimiento de la Entomología se da actualmente en Paises como E.U. , Japón, y Europa (Cathy Wilkinson. 1993).

La entomofagia (consumo de insectos), habitualmente en México llamó la atención de los primeros cronistas de la conquista y la colonización como fue Fray Bernardino de Sahagún, quién relata el consumo de insectos gusanos y flores por los nativos, mencionando que era una muy sabrosa comida. Inclusive los Españoles acostumbraban comer algún platillo elaborado a base de insectos al menos una vez a la semana. Otros relatos indican que a la llegada de los aztecas se establecieron en el cerro de Chapultepec denominado ahora sí por su abundancia en langosta o chapulín (Historia General de las cosas de la Nueva España, 1988).

Artrópodos Medicinales.

Por otra parte investigadoras como Julieta Ramos-Elorduy y colaboradores han demostrado como diversas comunidades nativas del país preparan remedios medicinales con insectos para el tratamiento de males como el cáncer, tos quemaduras e infecciones ya que los insectos contienen sustancias activas que obtienen de las plantas y flores de las que se alimentan. Los remedios indígenas elaborados con insectos tienen principios semejantes a los homeopáticos y naturistas ya sea de forma entera, molida, en infusión o tostados y así empleados para la preparación de tés, que pueden ser añadidos a la bebida y/o a la comida del individuo enfermo. Productos de las abejas, tales como la miel y la cera, también son importantes (13,6% y 5,5%, respectivamente). Constituyéndose en esenciales para la medicina del los pueblos nativos. Y mientras las comunidades nativas los conservan, las grandes urbes tienden exterminarlos (Ramos-Elorduy, J.1987; Ramos-Elorduy, J. y Pino, José. 1989).

Desde tiempos antiguos los insectos y algunos productos extraídos de ellos han sido usados como recursos terapéuticos en los sistemas médicos de muchas culturas alrededor del mundo (Costa Neto, 2005)

Se describe el uso medicinal de los insectos y las sustancias extraídas de ellos en diferentes contextos culturales. Se registró un total de 82 tipos de insectos como medicinalmente útiles para el tratamiento de diversas enfermedades y/o síntomas. Estos recursos entomoterapéuticos se reparten entre 11 órdenes y 32 familias. El orden Hymenoptera es el predominante, con 42 tipos representados. El registro de la utilización de insectos como agentes medicinales significa una aportación relevante al fenómeno de la zooterapia, y abre nuevas perspectivas para la valoración económica y cultural. Los insectos parecen una fuente muy importante para el descubrimiento de compuestos bioactivos. Sin embargo, son necesarios más estudios bioquímicos y farmacológicos de estas especies que desemboquen en nuevas drogas que mejoren la salud humana. Además, el uso de los insectos tiene que mantenerse en un nivel sostenible para así evitar la sobreexplotación (Del Castillo M, 2012).

Los insectos son bastantes hábiles en lo que se refiere a la síntesis de compuestos químicos – feromonas de alarma, de apareamiento, descargas defensivas, venenos y toxinas, los cuales son secuestrados de las plantas o de las presas que consumen y posteriormente transformados para su propio uso. Debido a la gama de substancias biológicamente activas presentes en sus cuerpos, los insectos siempre han sido considerados como una fuente principal de terapéuticos potenciales, y ello incluye moléculas que matan células cancerígenas, proteínas que previenen la coagulación de la sangre, enzimas que degradan pesticidas, proteínas que brillan en la oscuridad, peptídos y toxinas antimicrobianos etc. (Trowell, 2003).

De acuerdo a lo publicado por Costa Neto et al (2006), Franqui Rivera RM (2009) y Del Castillo M (2012) los insectos que se han encontrado reportados en la literatura por su uso en la etnomedicina, podemos mencionar:

Las chinches y especies relacionadas de la familia *Pentatomidae, Belostoma* sp y *Triatoma* sp

Cucarachas *Periplaneta americana L* y *Blatta orientalis*

Piojos *Pediculus humanos L*

Las libélulas de las familias Aeschnidae y de Coenagrionidae.

Las termitas.

Las abejas Melipona sp, Mellipona scutilarys L.

Los chapulines, grillos y especies relacionadas Grillus domesticus L y grillo de la especie Paragryllus temulentus Saussure (Gryllidae, subfamilia Phalangopsinae).

Las cigarras Familia *Cicadedae*

Las hormigas *Atta sexdens sexdens Forel*

Los escarabajos y otros coleópteros *Pachymerus nucleorum Fabr.*

Las moscas familia Asilidae *y Musca domestica L.*

Las mariposas *Psichidae*

Las avispas Apoica vallens, Pepsis sp

Referencias

Brusca, R. C. & Brusca, G. J., (1990). *Invertebrates*. Sinauer, Sunderland.

Brusca, R. C. & Brusca, G. J., (2005). *Invertebrados*, 2ª edición. McGraw-Hill-Interamericana, Madrid (etc.), XXVI+1005 pp. ISBN 0-87893-097-3.

Camilo Mora , Derek P. Tittensor , Sina Adl, Alastair G.B. Simpson , Boris Worm. How Many Species Are There on Earth and in the Ocean? August 23, 2011DOI: 10.1371/journal.pbio.1001127

Cathy Wilkinson. (1993).Edible Flowers from garden to palate. Fulcrum Publishing. Golden, Colorado. USA.

Chapman, A. D., (2009). *Numbers of Living Species in Australia and the World*, 2nd edition. Australian Biodiversity Information Services ISBN (online) 9780642568618

Disponible en: [http://www.si.edu/Encyclopedia_SI/nmnh/buginfo/pheromones.htm]

Chapada Diamantina National Park, State of Bahia, Brazil. Sitientibus 15:211- 219.

Costa Neto EM, Ramos-Elorduy J y Pino JM (2006) Los insectos medicinales de Brasil: Primeros Resultados Boletin Sociedad Entomologica Aragonesa No 38 395-414

Del Castillo Mercedes (2012) Artrópodos en la alimentación y la medicina Universidad San Antonio Abad del Cusco

Franqui Rivera RA (2009) El uso de los insectos en la medicina Estacion Experimental Agricola Colegio de Ciencias Agricolas

Fray Bernardino de Sahagún.(1988). Historia General de las cosas de la Nueva España. Tomo 2. Cap.XIII, p. 514. Consejo Nqcional Para la Cultura y las Artes, Alianza Editorial

García, H. 1988. Cocina rehispánica mexicana. Panorama. México.

Ramos-Elorduy, J. y Pino, José. (1989). Los insectos comestibles en el México antiguo. AGT Editor, S.A. México, D.F.

Ramos-Elorduy, J.(1987). Los insectos como una fuente de proteínas en el futuro en la alimentación del futuro. Ed. UNAM. México, D.F.

Secretariat of the Convention on Biological Diversity (2010) *Global Biodiversity*. Montréal, 94 pages.

Systema Naturae 2000.

Trowell S. (2003) Drugs from bugs, the promise of pharmaceutycal enthomology The Futuris 37, 17-19.

Tiegs, O. W. & Manton, S. M., (1958). The evolution of the Arthropoda. *Biol. Rev.*, 33: 255-337. Tree of Life, Hexapoda

UNEP and IOC-UNESCO. (2009). *An Assessment of Assessments, Findings of the Group of Experts. Start-up Phase of a Regular Process for Global Reporting and Assessment of the State of the Marine Environment including Socio-economic Aspects.* ISBN 978-92-807-2976-4.

Zhi-Qiang Zhang (2011). *Animal biodiversity: An outline of higher-level classification and survey of taxonomic richness* (en inglés). Magnolia Press. p. 8. ISBN 1869778499.

Capitulo VI

Métodos de laboratorio para evaluar actividad antimicrobiana de principios activos

María del Carmen Vega Menchaca

INTRODUCCIÓN

El desarrollo de la farmacéutica inicia con la identificación de principios activos, los análisis biológicos, la formulación de la dosis, seguida por estudios clínicos para establecer la seguridad, eficacia y perfil farmacológico de las nuevas drogas. En esta revisión se presentan los criterios más relevantes que permitan estandarizar los procesos para la evaluación de la actividad antibacteriana. Los test de susceptibilidad antimicrobiana (AST) son una técnica esencial en muchas disciplinas de la ciencia, y son el primer paso hacia la búsqueda de nuevas drogas antiinfectivas (Lampinem, J.,2005., Jawetz,)

Se deben tener consideraciones generales para el estudio de la actividad antimicrobiana en extractos de plantas, aceites esenciales y de compuestos aislados a partir de ellos. Los parámetros más importantes son selección del material vegetal el cual se recomienda hacerlo a partir de perspectivas etnofarmacológicas, o criterios quimiotaxonómicos, las técnicas empleadas para seleccionar las metodologías de acuerdo a la naturaleza del extracto, así para extractos no polares o sustancias que no difundan bien en el agar es más recomendable técnicas de dilución que las de difusión; medio de cultivo y microorganismos a evaluar, trabajos previos han demostrado que la composición del medio de cultivo puede influir en la actividad de los extractos o compuestos(Hernández et al., 2003).

En los últimos años se ha centrado el interés en el desarrollo de técnicas para el ensayo de agentes antibacteriano, estos permiten que el laboratorio pueda determinar rápida y exactamente las concentraciones de dichos agentes en diferentes muestras. Se utilizan varios métodos para la búsqueda de agentes antimicrobianos: ensayo microbiológico, inmunoenzimático, fluorescencia, cromatografía en líquido de alta presión y métodos moleculares. Sin embargo los principales métodos para determinar la efectividad de un microorganismo a un compuesto químico son los métodos de dilución en caldo, prueba de difusión, determinación de células sobrevivientes, recuento de células por el método de vaciado en placa. La selección del método de análisis dependerá del objetivo de la investigación (Cowan *et al.*, 1993; Hernández *et al.*, 2003, Rodríguez *et al.*, 2010).

Método de difusión de agar en disco

El estudio de la sensibilidad de los microorganismos a los antimicrobianos es una de las funciones más importantes de los laboratorios de microbiología clínica. Su realización se desarrolla mediante las pruebas de sensibilidad, cuyo principal objetivo es evaluar en el laboratorio la respuesta de un microorganismo a uno o varios antimicrobianos.

Los ensayos de sensibilidad han de estar convenientemente normalizados y sujetos a procesos de control que aseguren su reproducibilidad. La cuantificación de la actividad *in vitro* de los antimicrobianos se evalúa habitualmente mediante alguna de las variantes de los métodos de dilución. Estos métodos se basan en la determinación del crecimiento del microorganismo en presencia de concentraciones crecientes del antimicrobiano, que se encuentra diluido en el medio de cultivo (caldo o agar) (Hernández *et al.*, 2003).

Diferentes métodos de laboratorio pueden ser usados para determinar *in vitro* la susceptibilidad de bacterias ante agentes microbianos, pero estos no son igualmente sensibles o no se basan en los mismos principios, permitiendo que los resultados sean influenciados por el método seleccionado, los microorganismos usados y el grado de solubilidad de cada compuesto evaluado. Los problemas generales inherentes a los ensayos antimicrobianos han sido discutidos por varios autores (Hernández *et al.*, 2003) de allí la importancia de conocer los estándares para estas pruebas de actividad biológica. Las técnicas de difusión han sido ampliamente usadas para evaluar extractos de plantas con actividad antimicrobiana. En general se propone usar los métodos de difusión (en papel o en pozo) para estudiar compuestos polares, y los métodos de dilución para sustancias polares y no polares (Winn *et al.*, 2008). Las metodologías aplicadas siempre consideran la estandarización de la concentración bacteriana a utilizar, con el ánimo de evitar un crecimiento exhaustivo el cual puede variar significativamente la respuesta del extracto vegetal o aceite, indicando la necesidad de utilizar concentraciones mayores de éste para inhibir el crecimiento del microrganismo. Es recomendable tomar el inoculo de cultivos en la fase exponencial de crecimiento y siempre tomar 4 o 5 colonias de un cultivo puro para evitar seleccionar variantes atípicas (Hernández *et al.*, 2003). Los medios de cultivo más utilizados en dichas técnicas son el agar Mueller Hinton y agar tripticasa soya, ya que sus componentes facilitan el crecimiento de diferentes cepas bacterianas y mayor difusión de las muestras (Winn *et al.*, 2008). El método de difusión en agar, está apoyado por datos clínicos y de laboratorios; y presenta la ventaja que sus resultados son altamente reproducibles. La técnica está basada en el método originalmente descrito por Bauer (Método de Kirby-Bauer). Este método de difusión en disco o en pozo fue estandarizado y es actualmente recomendado por el Subcomité de Ensayos de Susceptibilidad de (NCCLS, 2001), de Estados Unidos. El fundamento de esta determinación es establecer en forma cuantitativa, el efecto de un conjunto de sustancias, ensayados individualmente, sobre las cepas bacterianas que se aíslan de procesos infecciosos. El método se basa en la relación entre la concentración de la sustancia necesaria para inhibir una cepa bacteriana y el halo de inhibición de crecimiento en la superficie de una placa de agar con un medio de cultivo adecuado y sembrado homogéneamente con la bacteria a ensayar y sobre la cual se ha depositado un disco de papel filtro de 6 mm de diámetro, o se ha sembrado en pozo. En este método, se colocan con todo cuidado sobre la placa de cultivo en agar, inoculada con el microorganismo a estudiar, discos de papel filtro que ha sido estandarizado en 5 x 10^5UFC de acuerdo al Nefelómetro de Mc Farland. con diferentes agentes antimicrobianos en concentraciones específicas alrededor del disco que contiene el agente antimicrobiano al cual es susceptible el microorganismo, los microorganismos que son resistentes crecerán hacia la periferia del disco, Se incuba la placa 24 h y se observa la aparición de una zona de inhibición del crecimiento (Doughari, 2006).

Su sencillez, rapidez de ejecución, economía y reproducibilidad la convierten en una de las pruebas mas útiles, y con seguridad la más empleada para la determinación de la susceptibilidad a agentes antimicrobianos (Forbes *et al.*, 2007; NCCLS, 2002)

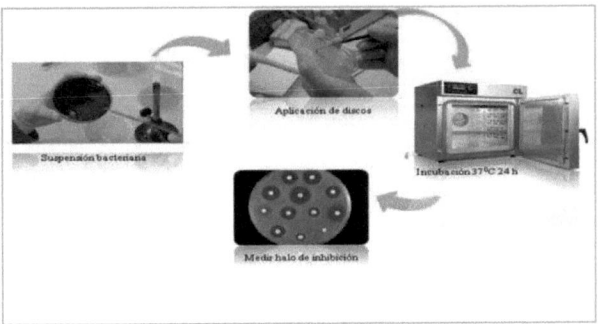

Diagrama de actividad antimicrobiana

Método de Concentración Mínima Inhibitoria (MIC por sus siglas en inglés, Minimal Inhibition Concentration).

Las primeras determinaciones se realizaron empleando baterías de tubos con caldo de cultivo con un rango determinado de antimicrobiano (macrodilución). Esta metodología es muy complicada, por la cantidad de material y de manipulaciones necesarias para su realización. La aparición de un sistema de inoculación múltiple para placas de agar popularizó el método de dilución en agar, en el que cada placa, con una cierta concentración de antimicrobiano, permite inocular simultáneamente un gran número de microorganismos. La utilización de micropipetas y de placas de microtitulación facilitó la utilización del método de microdilución con caldo. Tradicionalmente estos métodos se han venido usando para la determinación de la CMI y la concentración mínima bactericida (CMB) de los antimicrobianos. Los métodos de dilución se consideran de referencia para la determinación cuantitativa de la actividad de los antimicrobianos. En los métodos de dilución para determinar la concentración mínima inhibitoria (MIC) de un agente químico a un microorganismo, se inoculan a un cultivo del microorganismo en estudio, cantidades específicas del agente químico, preparado en concentraciones decrecientes en caldo o agar por la técnica de dilución seriada en tubo. Se determina la susceptibilidad del microorganismo, después de un período de incubación de 48 h, por la observación macroscópica de la presencia o ausencia de crecimiento en las distintas concentraciones del agente químico. La concentración mínima del agente antimicrobiano que no muestra crecimiento manifiesto, es la medida del efecto bacteriostático del agente químico sobre el microorganismo y por lo común se le menciona como concentración mínima inhibitoria. Este método se considera el más exacto para la determinación de la susceptibilidad en volumen medido (en unidades o microgramos) del compuesto a evaluar. Es un procedimiento que lleva mucho tiempo y además resulta muy costoso por eso su empleo se limita a casos especiales sobre todo cuando se desean resultados cuantitativos (Cowan *et al.*, 1993., NCCLS, 2002).

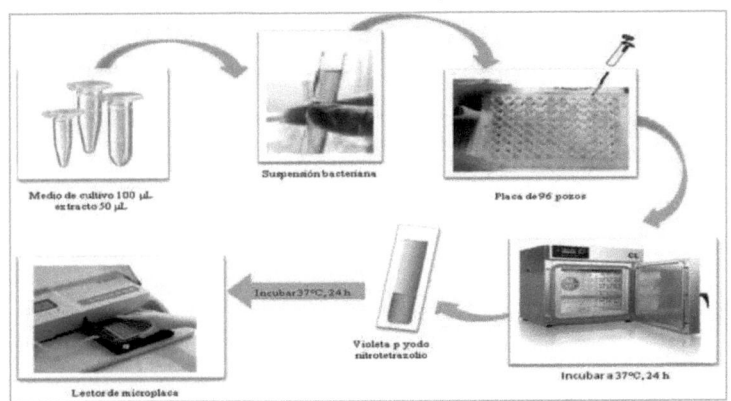

Diagrama para medir concentración mínima inhibitoria

Ensayo microbiológico por vaciado en placa

El método de dilución en placa se fundamenta en que cualquier célula viable inoculada en un medio de cultivo se multiplica y produce datos de fácil identificación, como la formación de colonias en placas de agar. Este método consiste en la preparación de una serie de diluciones de una muestra de suelo en un diluyente apropiado, esparciendo una alícuota de una dilución sobre la superficie de un medio de cultivo sólido e incubando la placa de agar bajo condiciones ambientales apropiadas. La dilución debe permitir generar colonias separadas, cada colonia puede proceder de una sola célula o de una agrupación (unidad viable), la cual se contará como una bacteria. Bajo este fundamento, estas placas pueden ser usadas no sólo para el conteo de poblaciones microbianas, sino también para el aislamiento de organismos. Un medio selectivo o no selectivo puede ser usado dependiendo de la naturaleza del microorganismo que se desea contar o aislar (Ramírez *et al.*, 2009., NCCLS 2002). El conteo de poblaciones microbianas por dilución en placa es un método simple y rápido para la cuenta viable de células microbianas. Sin embargo, la cuenta obtenida es generalmente 10 a 100 veces menos que aquella determinada por cuenta directa por microscopia. Las razones para esta discrepancia incluyen la exclusión de la cuenta no viable y la inhabilidad para proveer apropiados nutrimentos en el medio de crecimiento, para obtener la cuenta total en placa.

Bioautografía

Este ensayo puede representar una herramienta útil para la purificación de sustancias antibacterianas, o como una técnica de tamizaje fitoquimico preliminar, o un fraccionamiento biodirigido, realizando el ensayo a través de cromatogramas, que permitan la localización de los compuestos activos, incluso en matrices complejas como los derivados de productos naturales. Se puede definir como una variación de los métodos de difusión en agar, donde el analito es absorbido dentro de una placa de cromatografía delgada (TLC) (Ncube *et al.*, 2008; Schmourlo, 2004). La bioautografía es una técnica sencilla y rápida que combina las ventajas de la cromatografía en capa fina y la detección de actividad antimicrobiana. Determinar la eficacia de esta técnica puede facilitar el panorama en el aislamiento de sustancias antimicrobianas presentes en mezclas complejas. La metodología que se diseñe para desarrollar esta técnica depende del microorganismo que se va a evaluar, ya que requiere el conocimiento de las condiciones inherentes al crecimiento como; la curva de crecimiento microbiano. Hasta ahora, la bioautografía se ha realizado con pocos microorganismos, entre los cuales están *Bacillus subtilis, Candida albicans, Cryptococcus neoformans, Propionibacterium acnes, Staphylococcus epidermidis, Erwinia amylovora, Erwinia carotovora* y *Escherichia coli* (Nostro *et al.*, 2000; Valgas *et al.*, 2007; Mbata *et al.*, 2006).

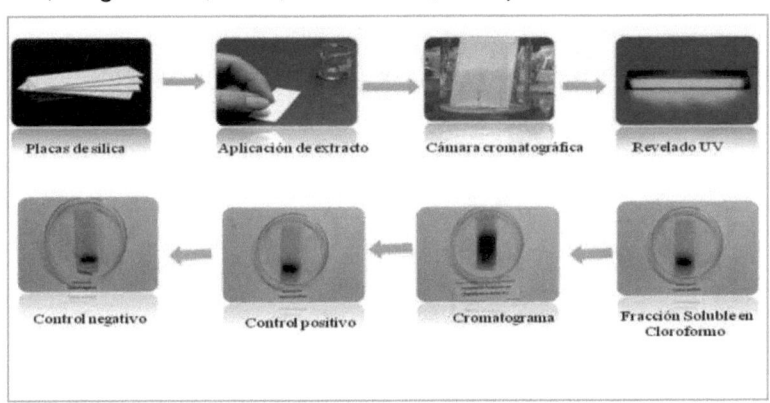

Diagrama de autobiografía

Referencias

Cowan ST, Steel KJ. 1993. Manual for the Identification of Medical Bacteria. London, England, Cambridge University Press. 47-51.

Doughari JH. 2006. Antimicrobial activity of *Tamarindus indica* Linn. Trop. Pharmaceutical Research. 5(2): 597

Forbes BA, Sahm DF, Weissfeld AS. 2007. Bailey & Scott's Diagnostic Microbiology. 12th Edition. Elsevier Mosby. St. Louis USA.

Hernández JT, García E, Giono S, Aparicio G. 2003. Bacteriología Médica Diagnóstica. Ediciones Cuéllar. México D.F

Jawetz E, Melnick JL, Adelberg EA, Brooks GF, Butel JS, Ornston LN. 2005. Microbiología médica. 18a ed.: Editorial El Manual Moderno. México D.F.

Lampinen. J "Continuous Antimicrobial susceptibility testing in drug discovery. " *Drug Plus International,* 2005.

Mbata TI, Debiao L, Saikia A. 2006. Antibacterial activity of the crude extract of Chinese Green Tea. African Journal of Biotechnology 7(19): 1571.

National Committee for Clinical Laboratory Standards (NCCLS). 2001. Disk diffusion supplemental tables M100-S10 (M2). Wayne, Pennsylvania.

National Committee for Clinical Laboratory Standards. (NCCLS). 2002. Performance standards for antimicrobial susceptibility testing. XII Informational Supplement. M100-S12. Wayne, Pennsylvania.

Ncube NS, Afolayan AJ, Okoh AI. 2008. Assessment techniques of antimicrobial properties of natural compounds of plant origin: current methods and future trends. African Journal of Biotechnology 7(12): 1797.

Nostro A, Germanó MP, D'Angelo V, Marino A, Cannatelli, MA. 2000. Extraction Methods and Bioautography for Evaluation of Medicinal Plant Antimicrobial Activity. Letters in Applied Microbiology. 30: 379-384.

Rodríguez R, Morales ME, Verde MJ, Oranday A, Rivas C, Núñez MA, González GM, Treviño J. 2010. Actividad antibacteriana y antifúngica de las especies de *Ariocarpus kotschoubeyanus* (Lemaire) y *Ariocarpus retusus* (Scheidweiler) (Cactaceae). Revista Mexicana de Ciencias Farmacéuticas 57-58

Schmourlo G, Mendonca-Filho RR, Alviano CS, Costa SS. 2004. Screening of antifungal agents using ethanol precipitation and bioautography of medicinal food plants. Journal of Ethnopharmacology 96(3): 563.

Valgas C, Machado de Souza S, Samania EFA, Samania A. 2007. Screening methods to determine antibacterial activity of natural products. Brazilian Journal of Microbiology 38:369-380.

Winn WC, Allen SD, Janda WM, Koneman EW, Procop GW, Schrenckenberger PC, Woods GL. 2008. Koneman Diagnóstico Microbiológico **Edición:** 6ª Médica Panamericana

Printed by Books on Demand GmbH, Norderstedt / Germany